阝 著

絵と図でわかる

データサイエンス

難しい数式なしに考え方の基礎が学べる

技術評論社

はじめに

情報通信技術（ICT）が高度に発展した今日、私たちは、意識しているかどうかにかかわらず、さまざまなデータに取り囲まれて日常の生活を過ごしています。このような社会を本書では「データ化社会」と呼んでいますが、それは、データがなければ、ありふれた日々の暮らしですらスムーズに立ち行かなくなることを意味しています。たとえば、今では、必須アイテムとなったスマートフォンも、画像、音声、文字などのデータを扱うことがなければ、無用の長物にすぎません。そうなると、私たちの生活がどうなるか想像してみてください。このように、現代社会では、「データ」の価値がいやがうえにも重みを増しています。その中で、データを扱う科学が生まれてくるのは、当然と言えば当然で、それがデータサイエンスです。

本書は、そのデータサイエンの概要と基本的な考え方について、イラストや図を使って、やさしく読者に語りかけることを目的としています。あくまで、考え方を視覚的に理解してもらい、データサイエンスの概観をざっくりと把握してもらうための「絵本」なので、具体的な数理や技術を解説したものではありません。その意味で本書は、データサイエンスの「入門の入門書」です。

実は、データサイエンスとは何か、ということについては定説がありません。本書を含めて「データサイエンス」と題する著作はたくさん世に出回っていますが、著者によって取り上げる範囲や内容はさまざまです。しかし、多くの人は、データサイエンスと言うと、AIや機械学習などを連想するのではないでしょうか。その背景には、ビッグデータの活用があります。

本書でも説明していますが、ビッグデータは、単に「大規模」なデータを指しているわけではなく、情報通信技術の活用を要件として初めて成り立つデータです。こうしたことから、ビッグデータを前提とすると、データサイエンスがAIや機械学習の技術と関連した科学だと想像してしまうのは不自然ではありません。しかしながら本書では、このような理解に対して多少距離を置いています。

ビッグデータを前提としてデータサイエンスを想定すると、どうしても情報通信技術が「主役」でデータが「脇役」である印象が拭えません。しかし本書では、データが「主役」

で情報通信技術は「脇役」であるのがデータサイエンスである、という考え方に基づいています。それであってこそ、文字どおり「データ」の科学です。

では、データが「主役」であるとはどういうことなのか。それは、データの性質を知り、データの性質に応じた解析を行い、データに基づいてさまざまな結論を導き出すことです。一口にデータの性質と言っても、それは実にさまざまです。見かけ上は、同じような数値の配列に過ぎないデータであっても、たとえば、経済データと医学データでは、作成方法や取り扱い方がまったく異なり、意味や解釈も異なります。このようにデータの性質の相違を重視する、つまり「データ重視」の視点がデータサイエンスでは何よりも重要だというのが、本書の基本的な考え方です。従って、情報通信技術の活用は、あくまで、これら一連のプロセスを効率よく遂行するための「脇役」にならざるをえません。

このような目的を達成するため、本書では次のような工夫をしました。

1 「データ重視」の考え方から、データのタイプや特徴と、それに関連するデータの収集方法について1つの章を設けて詳しく解説しています（第2章）。

2 データサイエンスの要は、データ解析の方法（データを解析するための数理）にあります。本書では、スーパーマーケットに勤務するマーケティング担当のAさん、ゼミで地域研究を行っている大学生のBさん、地域の健康問題に取り組んでいる保健師のCさんに登場してもらい、それぞれの業務や研究をとおして、データ解析の方法の目的と結果の解釈について解説しています。なお、数学の予備知識がなくても理解できるよう、数理の展開はまったくしていません（第3章〜第5章）。

3 データ解析の方法については、分類の手法（第4章）と予測の手法（第5章）に分け、それぞれについて、代表的な量的データの場合の手法と質的データの場合の手法を取り上げ、解説しています。

4 これらの手法については、考え方と計算結果の解釈を中心に解説していますが、実際にデータ解析を体験してみることも重要です。このため、本書で紹介した手法のうち、Excelで簡単に計算できるものについては、対応する関数や分析ツールの使い方を解説しています（付録）。

5 データサイエンスはデータがすべてです。いかに数理を凝らしたデータ解析の方法を適用しても、データに改ざんや捏造があったのではどうしようもありません。このため、データの倫理について1つの章を設けて、データ改ざんの事例と倫理規範について解説しています（第6章）。

6 本書では、ビッグデータだけがデータサイエンスの対象ではない、という考え方に立っていますが、もちろんビッグデータもデータサイエンスの重要な対象であることには間違いありません。そこで、ビッグデータの活用という視点から、データサイエンスとAIや機械学習の関係について1つの章を設けて解説しています（第7章）。

データサイエンスという言葉は、ここ数年、急速に普及しました。その意味では1つの流行語です。「流行りものは廃《すた》りもの」ということわざがあるそうですが、先ほど述べたように、「データ化社会」ではデータが重要な意味を持っている以上、データを対象にした科学が廃れていくとは考えられません。しかしながら、さまざまな分野を含んだデータサイエンスの現状では、今後、その内容や体系が整理されていくことになるのでないかと思われます。本書では、そうしたデータサイエンスのあり方についても、それとなく自己主張しておきました。本書をきっかけとして、読者の皆さんが、データの価値に関心を持ち、データサイエンスに対する理解を深めていただくことができれば幸いです。

末尾ながら謝辞をひと言。今回、このようなデータサイエンスの絵本を出版できたのは、ひとえに、技術評論社の佐藤民子さんとイラストレーターの米村知倫さんのお力添えによります。また、本書の執筆中、データや資料の整理をしてくれた静岡大学大学院生の大関亮人君にもお世話になりました。これらの方々に対して記して感謝の意を表します。ありがとうございました。

2021年4月　上藤一郎

絵と図でわかるデータサイエンス　目次

※本書は2021年3月20日現在の情報をもとに作成しています。

第１章

データサイエンスとは

――データと社会――

データが重要な価値を持つ今日、データを活用することは、
だれもが身に付けておくべきスキルとなりつつあります。
そのための知識を与えるのがデータサイエンスです。
そこで、データサイエンスの世界に皆さんをご案内しましょう。
私はその水先案内人です。

データと社会

現代社会ではデータが欠かせません。
私たちは、絶え間なくデータのやり取りをしており、
もはやデータがなければ仕事や生活が成り立たなくなっています。
このような社会を本書では「データ化社会」と呼ぶことにします。

1　私たちの日常生活とデータ

　現代社会に生きる私たちは、もはやデータと接することなく過ごすことが難しくなりました。たとえば、昨日１日、何をしたか思い起こしてください。

▼図 1-1　暮らしの中のデータ

③そうこうしている間に、
職場や学校に到着、
仕事や授業が始まると、
パソコンを開いて仕事を
したり学習したり・・・
④ようやく仕事や授業が
終わって帰宅時間…
途中、コンビニに立ち
寄って、買い物
⑤帰宅後、
家族と食事をし、
入浴した後、就寝…

これは、どこの家庭でも見られる、ごくありふれた日常生活の風景です。しかし、「データと社会」という視点で見直すと、①から⑤のすべてが、データなしでは成り立たない日常生活の風景だということがわかります。

まず①の場面では、電波や光ケーブルで画像や音声のデータを受信しています。

②の場面では、メールやLINEでテキストデータを送受信しています。

③の場面は説明するまでもありませんね。

④の場面では、立ち寄ったコンビニで買い物をしているので、POSシステムによって顧客の買い物情報がデータとして蓄積されています。

そして最後の⑤の場面です。最近の調理機器では、たとえば、一定の温度以上になると制御システムが作動し自動的に消火するガスコンロやAI（人工知能）搭載の炊飯器など、実に多種多様な機器が普及しています。

入浴についても、設定温度と設定湯量どおりに風呂を沸かすシステムが普及していますね。もちろん、これらはデータなしに作動することなどできません。

このように、データとそれを活用するシステムが広範囲にわたって浸透し、それがなければ、もはや私たちの生活が立ちゆかなくなりつつあるというのが現代社会です。

しかし、この日常生活の事例は、あくまで私たちが、データやデータを活用した結果の消費者（需要）であることを前提にして見た場合のものです。

当然のことですが、消費があれば生産（供給）も生まれます。そして、私たち自身も、データの消費者だけではなく生産者の立場、つまり「データから価値を創造する」生産者の立場に、いつでもなりうる、というのが現代社会の持つもう１つの特長だと言えるでしょう。

データサイエンスとは、そのための基本的知識を提供する科学です。

2　データ化社会がやってきた

ヨーロッパの格言に「数は世界を支配する」というのがあるそうです。先ほども述べたように、誰もがデータの消費者であると同時に生産者でありうる現代社会では、「データは世界を支配する」と言い換えてもよさそうですね。

いま、日々データを消費・生産し、また誰もが等しくデータの消費者であり生産者である社会を、仮に「データ化社会」と呼ぶことにすると、正しくこれは「データが支配する」社会だと言えます。ただし、「データが支配する」とは言っても、これは「データ」が、あたかも人間のような意思を持った１つの主体として、私たちの生活に強制的に影響を及ぼすという意味ではありません。先ほど見たように「データがなければ、日常生活を平

▼図 1-2　データがなければ暮らせないデータ化社会

凡に過ごすことさえも難しくなる」という意味です。

その点では、AI（人工知能：Artificial Intelligence）もデータ化社会の1つの産物です。

AIの原理は、簡単に言ってしまうと、ビッグデータなどを使って数理モデルを常時改良し、さまざまな局面で優れた予測を行うシステムです。ですから、データの場合と同じく、AIが人間のような意思を持った1つの主体として、私たちの生活に強制的な影響を及ぼすわけではありません。

しかしながら、生活のさまざまな局面でAIが普及すると、「AIがないと日常生活に支障をきたす」ようになるのは避けられません。それは、電力のなかった昔とは異なり、「電力がなければ普通に日常生活を送ることができない」現代社会を考えてみれば明らかです。

「データ化社会」の到来は、もはや避けることができず、もちろんその影響を私たちは確実に受けます。であれば、現代社会を生きる私たちにとって、「データを知ること（データリテラシー）」は必須の教養であると言えます。

ご承知のように、近代以前の日本では、「読み・書き・ソロバン」が多くの人々にとって身に付けておくべき知識でした。現代では、さしずめ「読み・書き・コンピュータ」と言い換えたほうがよさそうですが、さらに進んで、これからは「読み・書き・データ」の時代だと言うべきです。データを知り、データを活用すること、それにはデータサイエンスの知識が不可欠で、データサイエンスを学ぶ意義もそこにあると言えるでしょう。

▼図1-3　「読み・書き・データ」データリテラシーが重要な時代に

1-2

データサイエンスとデータサイエンティスト

「データサイエンス」という言葉は、ここ数年で急速に普及した言葉です。
その意味では、流行語の１つであるとも言えますが、
言葉自体はそれ以前からありました。

1　データサイエンスはさまざまな定義が可能な科学

かつては、統計学に代わる言葉として、とくに「データ」を重視する意味から「データの科学」あるいは「データサイエンス」という用語が使用されていました。それが、いわゆる「ビッグデータ」という言葉の流行と並行して、データサイエンスという言葉も脚光を浴びるようになりました。なお、ビッグデータについては第２章で詳しく述べますが、簡単に言うとICT（情報通信技術：Information and Communication Technology）を通じて絶えず収集・蓄積が可能な大規模データということになります。

しかし、ビッグデータがデータサイエンスと関連がありそうだとは言っても、多くの人にとって、データサイエンスが何を研究する科学なのか十分理解されているようには思えませんし、専門家の間でも十分議論が尽くされているわけではありません。

従来の統計学を単に言い換えたものだと受け止めている人もいるでしょうし、統計学と情報科学を融合させたような科学を想起している人もいることでしょう。

つまりは、データサイエンスに明確な定義はない、ということです。別な言い方をすれば、人によって、さまざまな定義が可能な科学だということです。

さまざまな定義が可能であるとは言っても、データサイエンスと称する以上、「データ」に関する「科学」でなければならないことは当然です。

注意すべきは、ビッグデータの重要性と連動して、データサイエンスが「ビッグデータだけを対象とする科学」だと誤解している人が意外に多いことです。それでは看板倒れというものです。データサイエンスは、文字どおり、さまざまな「データ」の「科学」だと言えるでしょう。

そこで、これまでのデータサイエンスをめぐる動向から、データサイエンスであるための必要十分条件をまとめてみました。おおむね次のようになるのではないでしょうか。

データサイエンスを定義してみると……

■ **必要条件**

①データから具体的な問題解決を行うこと

②データを分析するために統計学の方法（統計的方法・データ解析の方法）を利用すること

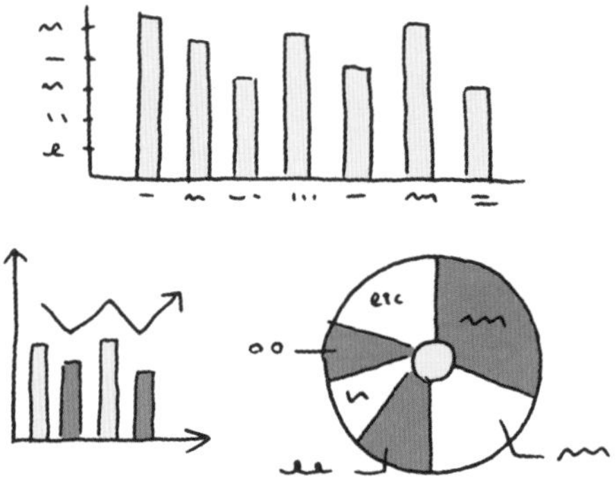

③データ収集と分析を実行するために情報処理の技術を活用すること

■ **十分条件**

問題解決の材料となるデータの特徴や性質を重視すること

これらの必要十分条件を前提として、データサイエンス研究のプロセスをフローチャートにまとめたものが図 1-4 です。

■ 解決すべき問題をはっきりさせる

まず、出発点である「解決すべき問題」ですが、これは、データからどのようなことを明らかにしたいのか、あるいはどのような問題を解決したいのか、この点をはっきりさせておくということです。データは、使ってこそ意味があるのであって、データがただあるからといって、何か新たな問題を提起してくれるわけではありません。当然のことですが。

■ 必要なデータを集め、検討する

問題がはっきりすると、何が必要なデータであるかも明らかになります。「データの作成・収集・検討」です。ネットなどで公表されているデータを集めたり、場合によっては自分自身で調査を行い、必要なデータを作成したりすることもあります。また集めたデータが、十分信頼できるものかどうかを検討することも必要です。

■ 統計学の手法でデータを分析する

「データの作成・収集・検討」が終わると、それらを使って実際に分析することになりますが、ここがデータサイエンス研究で最も重要な部分です。

データを分析する方法は、一般に統計的方法と呼ばれますが、データ重視の考え方からデータ解析の方法とも呼ばれます（本書でもこの言葉を多用します）。これらの方法や手法の理論的基礎を与える科学が統計学です。従って、図 1-4 にある「統計学の理論と方法」と「実際のデータ解析」は、データを扱う「理論」とデータによる「実証」の両輪として、データサイエンス研究の最も重要な部分を占めることになります。

■ 分析結果を解釈し、問題解決へと導く

データによる分析（データ解析）の後は「分析結果の解釈」です。当初掲げた「解決すべき問題」が、1 回の「分析結果の解釈」によって、すんなりと解決できればそれに越したことはありませんが、実際のところは、統計学やデータ解析の教科書どおりに「きれいな」結果を導き出すことは困難です。「データの作成・収集・検討」に立ち戻り、試行錯誤を繰り返しながら、「問題解決」に到達していくのがデータサイエンス研究の定石であると言えるでしょう。

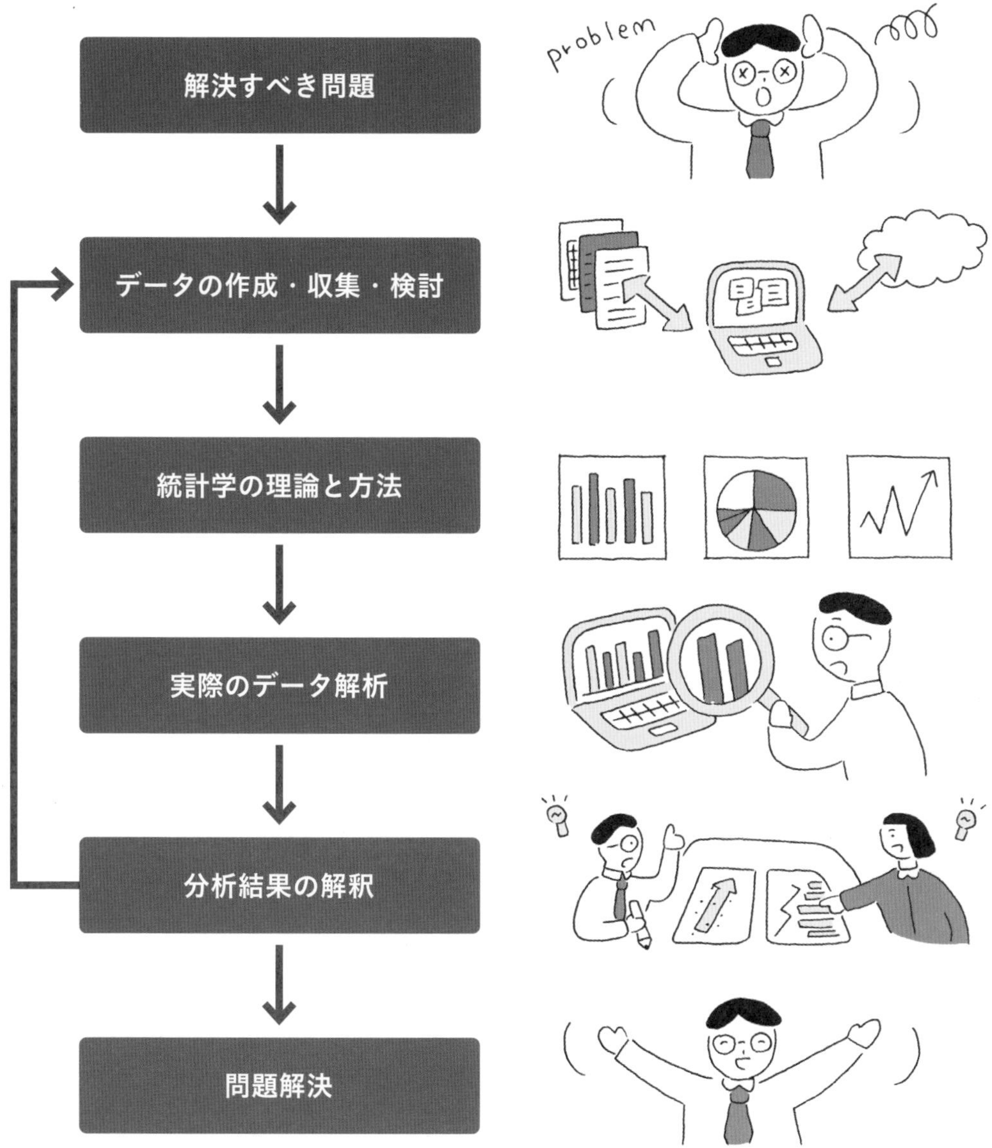

▲図 1-4　データサイエンス研究のプロセス

2 データ解析の4つの工程

先ほど、「統計的方法やデータ解析の方法を使って実際にデータ解析を行うことが、データサイエンス研究の最も重要な部分である」と言いました。

しかし、図1-4で示したプロセスには重複する部分もあります。とくに「データの作成・収集・検討」については、「どのような手法を適用するか」という問題が、「どのようなデータを扱うか」という問題の影響を受けるので、「統計学の理論と方法」を「実際のデータ解析」と分離して考えるのは望ましくありません。そこで、「データの作成・収集・検討」、「統計学の理論と方法」、「実際のデータ解析」を、1つのデータ解析のプロセスとして考え、その工程を示したのが図1-5です。

この工程は、標準的なデータ解析の手順を示したもので、本書でも第2章から第5章で取り上げています。前もって、各工程について概略を簡単にお話しておきましょう。

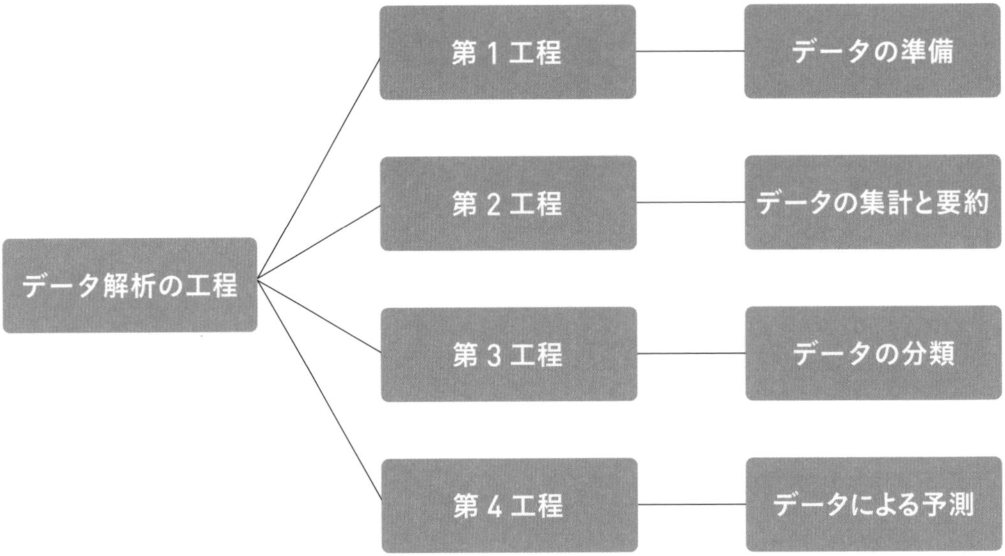

▲図1-5　データ解析の4つの工程

「第1工程」は、さまざまなデータの種類や特徴を理解した上で、データの良し悪しを検討する工程です。第2章で取り上げます。

「第2工程」では、集めたデータの特徴をまず大きく把握する手法について取り上げます。これは「データ解析」の基礎作業です。第3章で、スーパーマーケットでマーケティングを担当する会社員Aさんの仕事を通じて、具体的な内容をお話ししていくことになります。

「第3工程」では、さまざまなデータの特徴から、似たパターンを示すグループを分類する方法について取り上げます。第4章で、大学のゼミで地域研究に取り組むBさんの研究を通じて、具体的な内容をお話ししていくことになります。

「第4工程」では、さまざまなデータから、特定の問題について予測を行う方法を取り上げます。第5章で、地域の公衆衛生や健康問題を担当する保健師Cさんの調査を通じて、具体的な内容をお話ししていくことになります。

以上が、データサイエンス研究の最も重要な部分である「データ解析」の工程ですが、とくに「第3工程」と「第4工程」は、機械学習やAIの数理モデルと深く関連していることに注意しましょう。なおこの点については、第7章で取り上げます。

3　データサイエンティストの仕事

データサイエンスという言葉が一般に知られるようになったのは、データサイエンティストと呼ばれる職業に注目が集まったことが理由の１つです。

▼図 1-6　Harvard Business Review, October, 2012

Data Scientist: The Sexiest Job of the 21st Century

Meet the people who can coax treasure out of messy, unstructured data. by Thomas H. Davenport and D.J. Patil

From the Magazine (October 2012)

出典：https://hbr.org/2012/10/data-scientist-the-sexiest-job-of-the-21st-century

国際的に著名なビジネス雑誌『ハーバード・ビジネス・レビュー』の 2012 年 10 月号に「データサイエンティスト－それは 21 世紀で最も魅力的な職業」と題する記事が掲載されました（図 1-6）。この記事がきっかけとなり、データサイエンティストという職業とデータサイエンスという科学に世間の大きな関心が集まったわけです。

日本でも関心は高く、TV の報道情報番組でデータサイエンティストの仕事が特集で取り上げられましたし、またデータサイエンティストのための組織も設立されています。

データサイエンティストの仕事とは、ビジネスの場で、図 1-4 のようなデータサイエンス研究を専門的に行い、エビデンス（データ）に基づいた的確な判断や予測に関する情報を提供することです。

データサイエンティストという職業が重視されるようになったのは、データ化社会が到来しつつあることと無関係ではありません。従来では相当な時間がかかっていたデータの収集から分析までの作業が、ビッグデータの普及や統計計算ソフトウェアの充実、ハードウェアの高性能化に伴って迅速に進むようになりました。その結果、分析の成果が、適時、スピーディな判断を要するビジネスの場で活用できるようになったわけです。

このような状況がさらに進んでいけば、近い将来、特別な専門職の人だけではなく、誰もがデータサイエンティストの能力を身に付けることができる社会が到来するかもしれません。本書は、その第 1 歩を歩み出そうとする人たちへ向けた案内書です。

それではデータサイエンスの世界に入っていきましょう。

第 2 章

データを知る

——データ解析の第1工程——

データサイエンスで最も重要な位置を占めるのはデータ解析です。
データ解析には、おおよそ 4 つの工程がありますが、
最初の第 1 工程は、必要なデータを集め、データの特徴や性質を知り、
適切な分析ができるようデータを整形することです。

2-1

データのタイプを分類する

作成方法によってさまざまなタイプのデータがある

一口にデータと言っても実にさまざまです。またデータを作成する媒体もさまざまです。このため、自分が分析に使いたいデータがどのような過程を経て作られたものか、それを知ることがデータサイエンスの第１歩です。素性のわからないデータを利用すると、誤った結果を導き出してしまうことがあるからです。

1　調査データと非調査データ――データの素性を把握することが重要

作成方法別にデータを大きく分類すると、調査データと非調査データの２つのタイプに分けることができます。

調査データ

データを分析したい人が自分自身で調査を行って作成するタイプのデータです。自然科学の実験データや観測データもこのタイプになります。

▲図 2-1　調査データと非調査データ

非調査データ

直接、自分自身が調査や実験、あるいは観測を通じてデータを作成するのでなく、第三者である公的機関や研究機関が作成したデータです。

各機関が調査を通じてデータを作成する場合もありますが、ネットのアクセスやコンビニでの買い物、役所への登録など、別の目的で行った結果を情報源として編成されたデータも多く含まれます。

調査データについては、次節の「2-2 データの特徴をつかむ」（→ P.34）で取り上げていますので、ここでは非調査データのいくつかのタイプについて詳しく見ていきましょう。

非調査データのいろいろ

■ コンビニで買い物をした場合→ POS データ

POS システムは、コンビニを始め多くの小売販売店で導入されています。POS(Point Of Sales）とは「販売時点」という意味で、顧客がレジで買い物の精算をした時点で、購入された商品の価格や数量を集計してデータが作られます。

図 2-2 は仮想的なデータですが、全国展開するコンビニチェーンの、ある 1 日のカップめんの購入情報を集計した結果が示されています。

購入の際に、顧客がコンビニで使用可能なポイントカードを利用すると、顧客の性別や年齢層なども購入履歴にリンクされ、販売店にとって有益な情報が提供されます。

▼図 2-2 「カップめん」の 1 日の売り上げデータの集計表

順位	商品名	企業名	単価	共通商品コード	数量	男性	女性
1	A しょうゆ	A 社	198	xxxx	1055	650	230
2	B 塩ラーメン	B 社	198	xxxx	956	401	205
3	A とんこつ	A 社	232	xxxx	900	420	203
4	C シーフード	C 社	216	xxxx	854	322	432
5	C カレー味	C 社	216	xxxx	820	311	365

▼図 2-3 出生届

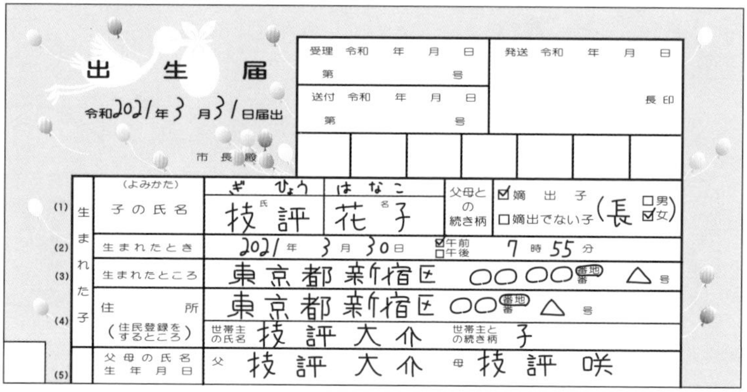

■ 子どもが生まれたので市役所に出生届を出した場合→公的統計（業務統計）

データを作成するのは民間企業や個人だけではありません。政府や自治体もさまざまなデータを作成しています。むしろ政府や自治体のほうが主要なデータ作成の主体であるとも言えます。

政府が作成するデータを「公的統計」と言いますが、よく知られている国勢調査のような「調査統計」だけでなく、さまざまな行政上の届出や申請を通じて得られた情報を集計してデータを作成する場合もあります。このような公的統計を「業務統計」と言います。

図 2-3 は、「出生届」のサンプルです。出生届は子どもが生まれた場合、市役所に届けを出すための書類ですが、そこに記載された情報は厚生労働省で集約され、1 年間の出生数などの情報が「人口動態統計」という名称のデータとして公表されています。

集計されたデータは、政府や自治体の少子化対策などの政策立案に活用されています。もちろん、私たちもさまざまな分析目的に活用することができます。

■ ネットの通販サイトから書籍を購入する場合→ビッグデータ

通販の Web サイトからさまざまな商品を購入することは、今やごく普通のことになりました。読者の皆さんも、おそらく一度はそんな経験をしたことがあるのではないでしょうか。通販サイトで商品を購入しようとすると、検索した商品のページに、関連商品などの情報が表示されることがあります。これは、通販サイトの購入を通じて、常時得られる顧客の購入データの分析によって予測されたものです。

図 2-4 では、書籍の通販サイトでデータサイエンス関係の書籍を検索した結果が示されています。出版社やページ数など著書に関する情報以外に、「おすすめ商品」などの情報が示されています。これはこの通販サイトで、書籍の検索時点で、同じ書籍を検索した人の購入傾向から割り出したものですが、絶えず変化しています。

このように Web 上で常時データが更新されているタイプのデータはビッグデータに含まれます。

▼図 2-4　ネット通販サイト

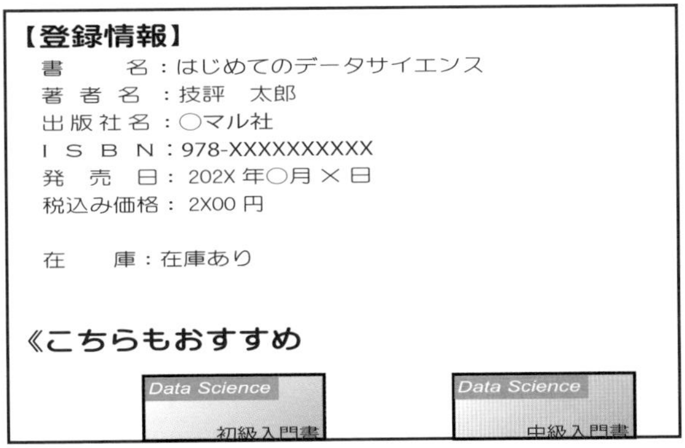

2　ビッグデータと非ビッグデータ

先ほど、通販サイトの書籍購入の事例をあげ、ビッグデータについて述べました。そこで、もう少し詳しくビッグデータについて定義しておきましょう。と言っても、明確な定義があるわけではありませんので、ここでは最大公約数的な定義を示しておきます。

ビッグデータ

ビッグデータという名前から、「大規模なデータがビッグデータだ」というイメージがありますが、それだけではビッグデータとは言えません。もちろん「大規模なデータ」で

▼図 2-5　ビッグデータ

あることが前提ですが、より正確に言うならば、ビッグデータはICT（情報通信技術）を通じて、絶えず作成・収集・蓄積が可能な「多種・多量なデータ」ということになります。

ですので、通販サイトの書籍データやPOSシステムの事例は、このようなビッグデータの条件に合致していることがわかります。

多種・多量なビッグデータは、私たちの日常生活に欠かせない有益な情報を提供してくれるようになりました。とくに、AI（人工知能）がビッグデータを活用することにより、ビジネスや医療の分野などで多くの成果を上げています。

非ビッグデータとランダムネス

ビッグデータに対して、次節で説明する調査データや実験データなどは、非ビッグデータと言えます。

また、調査データではありませんが、前述の「人口動態統計」のような業務統計は、ICT を通じて常時データが作成・収集・蓄積されているわけではありませんので、やはり非ビッグデータに相当します。

非ビッグデータの特徴の１つに、その多くが母集団（調査対象全体）と標本（サンプル、母集団の部分集合）という関係に基づいてデータが得られているため、実際に得られたデータについて、ランダムネスを仮定できるという利点があります。データのランダム

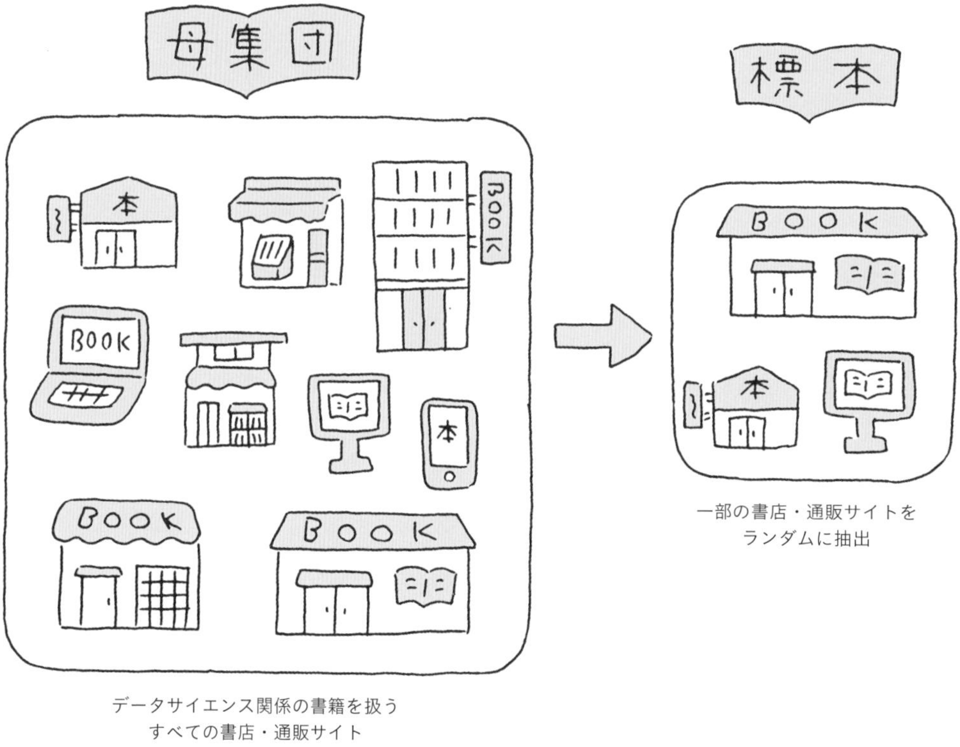

▲図 2-6　ランダムサンプリングで母集団から標本を抜き出す

ネスとは、データ（標本）が、知りたいすべての対象（母集団）からランダムに抽出されているということです。これによって、標本に対して可能な限り母集団の特徴や構造を忠実に反映させることができるようになります。

書籍の売れ行きの例で考えてみましょう。

図 2-6 は、あるデータサイエンスの「本 A」の売れ行きを、すべての書店・通販サイトから調べる方法を示しています。

具体的な目的は、ある 1 週間の「本 A」の購入率を調べることです。この場合の購入率とは、1 週間に購入されたすべてのデータサイエンス関係書籍の冊数に占める「本 A」の購入冊数の比率です。

データサイエンス関係の書籍を扱う書店や通販サイトすべて（母集団）を調べ、購入比率を算出できれば、それにこしたことはありませんが、これらの書店は非常に多く存在するため、すべて調べることは不可能です。

■ ランダムサンプリング（無作為抽出）

そこでランダムサンプリング（無作為抽出）という技術を使います。ランダムサンプリングとはある集団の中からランダム（無作為）にサンプル（標本）を抽出する手法です。

適当な数の書店・通販サイトを標本としてランダムに抽出し、1 週間のデータサイエンス関係書籍と「本 A」の販売冊数を調べ、購入率を計算します。

調査対象がランダムに抽出されているので、調査の結果得られる販売額や販売冊数のデータについても、ランダムであること、つまり、ランダムネスの仮定が成立します。その結果、標本（データ）から計算された販売率は、母集団全体を調べたときにわかる真の販売率とほぼ同じ数値（推定値）になると期待できます。

■ データがランダムだと集団全体の傾向を推定できるわけ

では、なぜデータがランダムであればこのようなことができるのでしょうか。この原理を最も単純な例で説明してみましょう。

いま、ブラックボックスの中に白いカードが 5000 枚、青いカードが 5000 枚入っているとします。次ページの図 2-7 のように青と白のカードはそれぞれかたまりとなって入っています。ここで、白と青のカードがこの箱に何枚入っているかを知らない A さんと B さんに、それぞれ箱から 100 枚のカードを抜き取り、その結果によって白のカードの比率を推定してもらうことにします。

図 2-7 のように、A さんは箱の上部からカードを抜きと取ったため、100 枚のカードはすべて白、従ってこの結果から得られる比率の推定値は 100%となります。一方、B さんは、箱の下部からカードを抜きと取ったため、100 枚のカードはすべて青、従ってこの結果から得られる比率の推定値は 0%となります。

▼図 2-7　データのランダム化

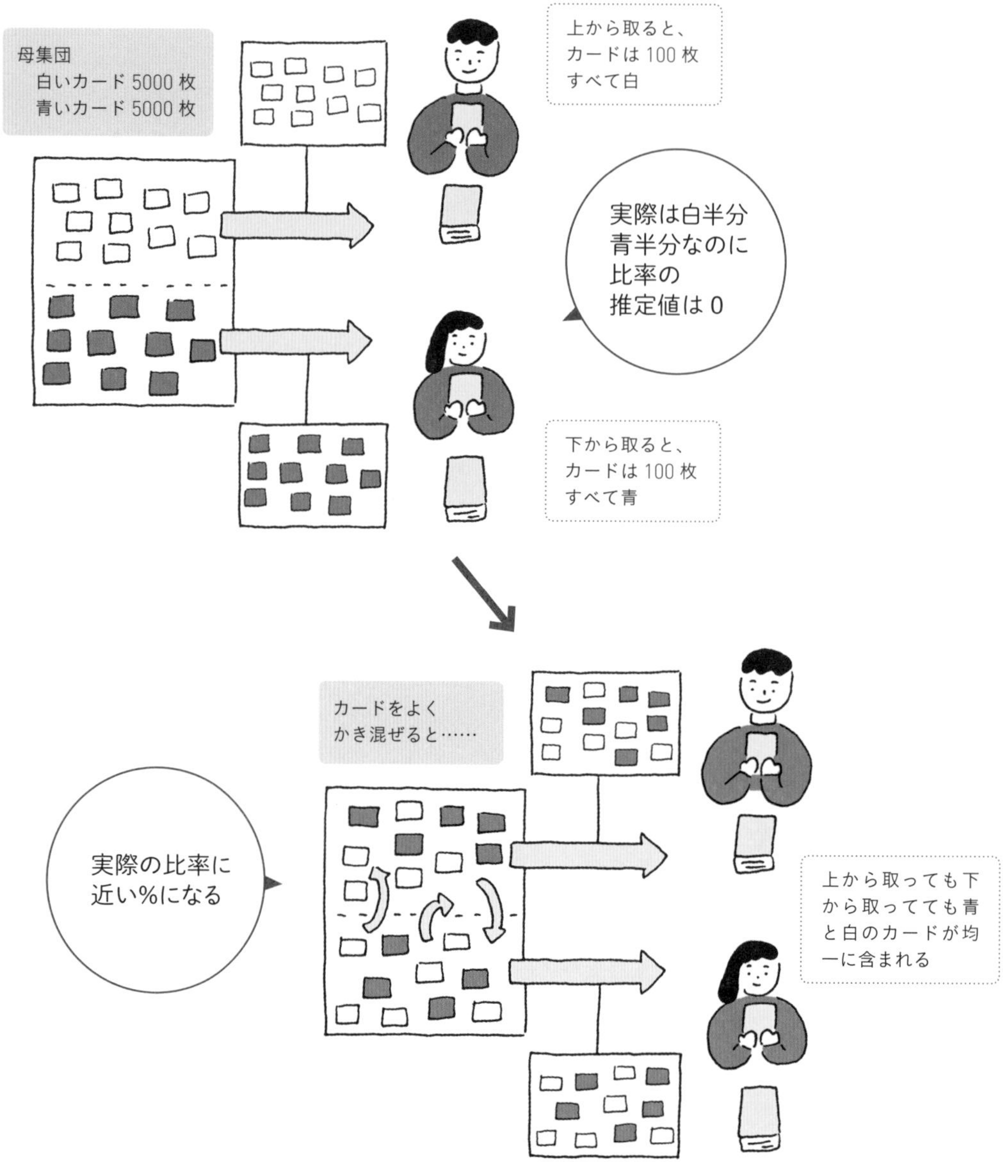

どちらの推定結果も真の比率50%ではないことは明らかです。では白と青がそれぞれ50枚になる、あるいはそれに近くなるようにカードを抜き取るにはどうしたらよいでしょうか。それは、ブラックボックスの中のカードをよくかき混ぜて、白と青のカードの混ざり具合が均一になるようにすることです。

つまり、「よくかき混ぜる」という行為がランダム化に相当し、そこから100枚を抽出することがランダムサンプリングに相当します。その結果、抽出されたカード(データ)は、ランダムに選ばれているという意味でランダムネスの仮定が成立するわけですね。

この原理を図2-6の書籍の売れ行き調査に応用すると、データサイエンス関連書籍を扱うすべての書店・通販サイトからランダムに書店を抽出することができれば、データのランダムネスが保証されることになります。

ビッグデータの問題点

非ビッグデータとは対照的に、ビッグデータは、絶えずデータが作成・収集・蓄積されるので、時間の変化に伴って売れ行きの変化を把握できるという利点があります。

しかし、問題がないわけではありません。とくに問題なのは、調査データの場合とは逆に、ビッグデータにはバイアス(偏り)があり、データのランダムネスを仮定することが難しいことです。「本A」の事例で述べると、このケースのビッグデータの場合、ある特定の通販サイトを通じて同書の購入情報を収集しているので、そこから算出された購入率は1つの通販サイトの実績を示すものでしかありません。従って、全体の売れ行きを示す推定値として見なすことが難しく、確率の尺度で推定値の確からしさを評価することもできません。つまり、母集団を代表する購入率にはならないということですね。

2-2

データの特徴をつかむ

「対象」「属性」「尺度」の把握が重要

さまざまなデータを用いて分析を行う場合、最も重要なことは、データの特徴や構造をしっかりと理解しておくことです。データの特徴をつかむには「対象」「属性」「尺度」を把握することが必要です。

1　変数とデータ

データ分析を行う前に、使用するデータについて次の3つを把握しておきましょう。

データの特徴を把握するための3原則

①対象

どのような対象をデータ化したものか

②属性

対象のどのような属性をデータ化したものか

③尺度

どのような尺度でデータ化したものか

次のような調査の例で考えてみましょう。

- A市に住んでいる100人について、アンケート調査を行った
- 調査のテーマは、地域のコミュニティ活動や街づくりについて
- 質問項目は、防災、安全、暮らし安さに関するコミュニティ活動の参加や将来の街づくりに対するニーズなど

図2-8は、このアンケート調査に関する調査票の一部を示したものですが、調査票から3原則について、次のことがわかります。

①対象

→A市に住んでいる100人の住人（個人）

②属性

→個々人の地域のコミュニティ活動の有無や将来の街づくりに対する考え方

③尺度

→問1と問4は選択肢の番号、問2と問3は実際の数値

▼図 2-8　アンケート調査の例

アンケート

問 1：あなたの性別を教えてください。

①男　　②女

問 2：あなたの年齢を教えてください。

（　　　　）歳

問 3：ご自宅から最寄りの公民館までの距離を
教えてください。　　（　　　　）km

問 4：次の地域コミュニティ活動で参加しているものを
教えてください。

①自主防災の活動　②防犯・パトロール活動
③ ごみ収集・清掃などの環境活動
④高齢者に対する福祉活動　⑤子育て支援活動
⑥子ども会・PTA 活動
⑦地区体育祭などのスポーツ活動
⑧地域イベント (お祭り等) の運営

変数はデータの意味や特徴を表す基本

アンケート調査で調査票を回収しても、そのままでは分析できません。調査票に記載されている結果をデータセットとして入力し、分析に使用できる形式に整形することが必要です。

よく利用されるのは、表計算ソフト Excel など、行と列のセルからなる表形式のスプレッドシートに調査票の数値を入力してデータを作成する方法です。

■ データセットとデータポイント

図 2-9 は、図 2-8 の調査票に基づいて作成したスプレッドシート形式のデータを示しています。このように、調査票の結果をすべて入力した数値の集合をデータセット、個々のセルに入力された数値をデータポイントと呼びます。

■ 個票と個票データ

このような形式のデータでは、各行のデータポイントの集合が、調査に回答した人の回答情報を個別に示したものになります。これを個票と呼び、個票の集合であるこのようなデータセットを個票データと呼びます。

通番	X 1 問 1	X 2 問 2	X 3 問 3	X 4 問 4 ①		X 4 問 4 ⑧
1	1	38	0.5	0	…	1
2	2	53	1.2	1	…	1
:	:	:	:	:	:	:
:	:	:	:	:	:	:
100	2	28	0.8	0	…	0

▲図 2-9　スプレッドシート形式のデータセット

■ 変数

一方、個々の質問に関するデータポイントの集合は各列に示されます。各列のデータの集合をフィールドと呼びます。また、それらの意味や特徴を代数（記号）で表したものを変数もしくは変量と呼びます。この事例では、*X*1 ～ *X*4 が変数に当たります。

変数 *X*1、*X*2、*X*3 は、1 つの質問に対して 1 つの回答を求める単一回答の質問項目です。それぞれ、1 列のデータポイントの集合が各変数を表しています。

変数 *X*4 は、質問 4 が複数回答なので、選択肢の数に相当する 8 つの列全体で 1 つの変数になっています。従って、変数 *X*4 では、データポイントの数値が、選択肢の数値（①～⑧）ではなく、各選択肢について「参加している→ 1」、「参加していない→ 0」と入力されています。

変数に着目すると……

単一回答（SA）の質問項目。それぞれ 1 列のデータポイントの集合が各変数を表す

（SA：Single Answer）
（MA：Multi Answer）

通番	*X* 1 問 1	*X* 2 問 2	*X* 3 問 3	*X* 4 問 4 ①		*X* 4 問 4 ⑧
1	1	38	0.5	0	…	1
2	2	53	1.2	1	…	1
:	:	:	:	:	:	:
:	:	:	:	:	:	:
100	2	28	0.8	0	…	0

データセット…調査票の結果を入力した数値の集まり。
データポイント…個々のセルに入力された数値。
個票（レコード）…アンケートで得られた回答者からの情報。
フィールド…各列のデータの集合。
変数（変量）…データの意味や特徴を記号で表したもの。

複数回答（MA）の質問項目。選択肢の数に相当する 8 つの列全体で 1 つの変数。各選択肢について「参加している→ 1」、「参加していない→ 0」で入力されている

▲図 2-10　質問項目と変数

変数の3つのタイプ

変数は、属性を計測する尺度に応じて3つのタイプに分類できます。これら3つのタイプを知ることによって、データの数学的特徴がはっきりします。

①連続変数

データの数値が連続量

（小数点を含んでよいデータ）

②離散変数

データの数値が離散量

（小数点を含んではいけない整数のデータ）

③カテゴリー変数

データの数値が名義的

（数学的な意味を持たない数値のデータ。大きさを表す数字ではない）

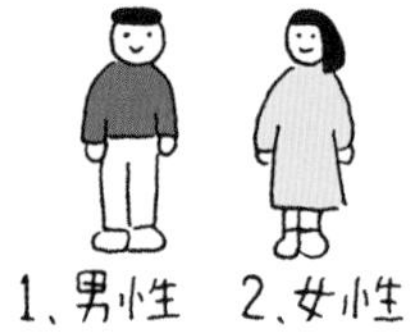

図2-8（→P.35）のアンケート調査では、問3（最寄りの公民館までの距離）が連続変数、問2（年齢）が離散変数、問1（性別）と問4（参加している活動の種類）がカテゴリー変数に相当します。

なお、カテゴリー変数については、たとえば問1のように、「男性→1」、「女性→2」とした場合、1と2の数値は数学的な大小関係を表するものではなく、名義的なものです。

しかし、選択肢の数値が順序を示す場合があることは注意しましょう。たとえば、ある街づくりに関する施策について、「①望ましい　②どちらともいえない　③望ましくない」というような選択肢を設定した質問では、これらの数値には厳密な意味での大小関係はありませんが、1から3にかけて順番に「望ましさ」が小さくなります。

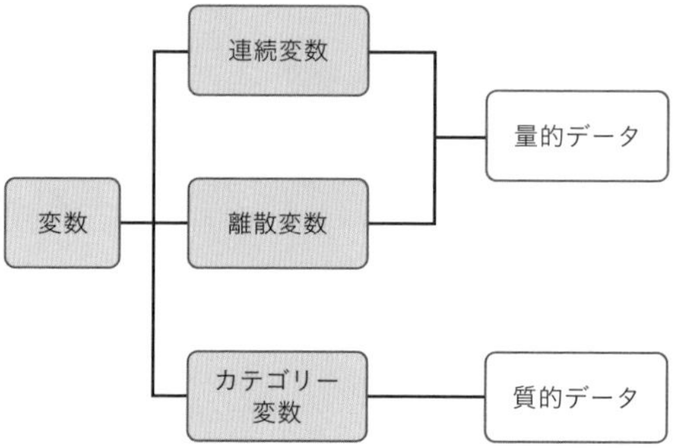

▲**図2-11　変数とデータとの関係**

2　量的データと質的データ

変数ごとに得られた実際の数値（実現値）がデータです。すでに見たように、変数のタイプによって、数値としてのデータの意味もまた異なります。

連続変数と離散変数のデータ→量的データ

大きく区別すると、連続変数や離散変数のように、データの数値に数学的な大小関係が成り立つ場合は、量的データと呼ばれます。

【量的データの例】

- ものや動物を対象にした測定データ
- 企業などを対象にした売上データ

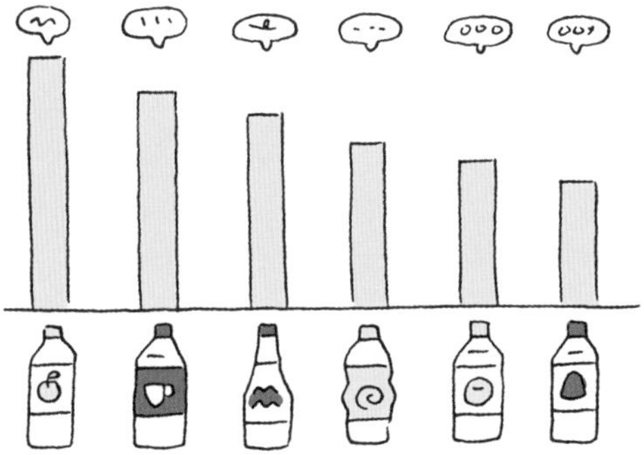

飲料ごとの売上

カテゴリー変数のデータ→質的データ

一方、カテゴリー変数のように、数値がまったく名義的なものか、あるいは順序だけを示す場合は、質的データと呼ばれます。

量的データと質的データの違いは、データ解析の方法の違いに直結しています。データのタイプによってそれぞれ独自の方法論が体系化されているからです。

なお、本書第３章〜第５章では、さまざまなデータ解析の方法と実際の適用例を紹介していますが、基本的には、量的データの場合と質的データの場合を区別して扱っていることに注意しましょう。

【質的データの例】

- 個人を対象にした意識調査
- 個人・世帯・事業所を対象にした社会調査

3　個票データと集計データ

実際のデータ分析では、量的データと質的データの区別が重要ですが、個票データと集計データの区別も重要です。

個票データ→個々の対象を計測したデータセット

個票データは、地域コミュニティ活動のデータセットのように、実際にすべての対象から得られた調査票情報のデータで、ミクロデータとも呼ばれます。ここで個票（レコード）とは、各対象のデータポイントの集合を意味します。

たとえば、地域コミュニティ調査のデータセットでは、「通番→1」の対象者の場合、「問1→1」、「問2→38」「問3→0.5」「問4①→0」……「問4⑧→1」となっており、これらの集合が、対象者1の個票（レコード）です。

個票データ（ミクロデータ）

調査対象の個別情報を数値化

通番	*X* 1 問1	*X* 2 問2	*X* 3 問3	*X* 4 問4①		*X* 4 問4⑧
1	1	38	0.5	0	…	1
2	2	53	1.2	1	…	1
：	：	：	：	：	：	：
：	：	：	：	：	：	：
100	2	28	0.8	0	…	0

▲図 2-12　個票データと集計データ

集計データ→個票データを集計したデータセット

一方、個票データを集計して得られたデータを、集計データあるいはマクロデータと呼びます。

データ解析の方法は、分析する人自身が、調査や実験を通じてデータも作成することを前提として開発されています。つまり、個票データの分析が前提になっているわけです。しかし一方で、政府が提供する公的統計やネットから得られる外部のデータの多くは、データ保護（調査対象者のプライバシー保護）の観点から集計データで提供されています。

同じ手法で同じ分析をしたとしても、個票データと集計データでは、意味が異なる場合がよくありますので注意してください。

10歳ごとに分ける

通番	X2 問2
1	38
2	53
:	:
:	:
100	28

集計データ（マクロデータ）

年齢階級	X2 問2
10～19	5
20～29	16
30～39	21
40～49	30
50～59	12
60～69	11
70～79	5

加工されたデータ

2-3

データを準備する

調査データを作成したり、集計データを活用する

データサイエンスはデータがすべてです。
自分自身で調査や実験からデータを作成するにしても（オーダーメイドのデータ）、
外部からデータを収集するにしても（レディメードのデータ）、
適切なデータ解析を進めていくためには、
よいデータを準備することが必要です。

▼図 2-13　データの作成過程

①問題設定 → **②母集団の設定** → **③調査票の作成** →

①問題設定

良い調査を行うには、目的と問題をはっきりと定めておくことが必要です。この事例では、A 市の市民が、どのような地域コミュニティ活動に参加しているのか、またさまざまな活動についてどのような意識を持っているのか、これらを知ることです。

②母集団の設定

市民を対象に調査するので、母集団は A 市の市民です。なお、このタイプの調査では、個人を対象とするのか、世帯を対象とするのか、それによってデータの解釈が異なってきます。事例では市民の意識を問題にしているので、個人を対象にしています。

③調査票の作成

調査者（A 市）が具体的に何を知りたいのか、それによって質問項目を決めます。

質問項目は、できるだけ少なくする（多くすると回収率が低くなる）、重複した質問が含まれていないか、特定の回答を誘導するような質問文になっていないか、などを十分検討することが必要です。なお、外部の集計データを使用する場合、調査票が入手できるのであれば、これらの点を確認しておくとよいでしょう。

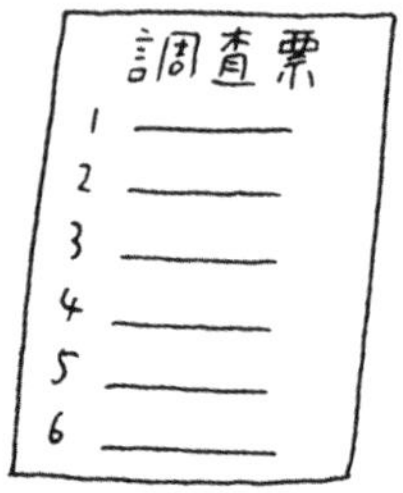

1　調査によるデータ収集――自分自身がデータを作成するのが基本

データというのは問題解決の「道具」です。道具は、自分自身の使い方に合わせたオーダー・メードのほうが、一般向けのレディ・メードのものより使い勝手がよいものです。データについてもまた同じことが言えます。そこで、オーダー・メードのデータ例として、調査データの作成過程を見ていきましょう。

2-2 節「地域コミュニティ活動に関するアンケート調査」を事例として、調査データの作成過程を見ていきます。

④調査対象の抽出

母集団からランダムに調査対象を抽出します。

市役所などの行政機関では、住民票や選挙人名簿を使って抽出対象者のリスト（母集団リスト、サンプリングフレーム）から調査対象者を抽出することができますが、一般の人たちにとっては、それができないということに注意してください。調査が気軽にできない大きな理由がここにもあります。

⑤調査票の配布と回収

調査データの良し悪しを判断するひとつの指標は回収率です。せっかくランダムサンプリングによって調査対象を抽出しても、回答が得られなければ、回収できた標本全体のランダムネスの仮定も歪められてしまいます。

外部が作成した集計データの場合も同様で、利用に際しては回収率を確認しておくことが必要です。

column

Web 調査

ここでは紙媒体の調査票を配布・回収することを前提にしていますが、Web 調査という方法もあります。ただし Web 調査は、母集団の設定が難しく、標本として回収された回答結果に偏りが大きいという問題があることに注意しましょう。

本来であれば、解決したい問題に対して、自分自身が直接調査を行いデータを作成することが望ましく、またそれが可能な場合は、データ解析の際に個票データを自由に使うこともできます。

しかし、コストや時間の問題があり、気軽に調査を行うことはできません。代わりに、公的機関や研究機関が実施した調査データを使用することが多くなります。

このような調査データの場合、利用可能なデータのほとんどが集計データであることに注意してください。しかし、外部で作成された集計データを使う場合でも、データがどのような過程を経て作成されたかを知ることは、データの良し悪しを判断する上で重要です。

2　Webによるデータ収集

Webから収集できる外部のデータは集計データ

調査を通じて、直接知りたいデータを取得することは、一般の人にとって簡単なことではありません。また、「日本の総人口を知りたい」と言っても、個人の調査ではできそうにもない場合もあります。このようなときは、外部で作成されたデータを活用することが考えられます。

最近では、さまざまな行政機関や企業が作成したデータをWeb上から簡単に取得することができるようになりました。このような外部のデータは、「個人情報の秘匿（個人や世帯のデータ）」や「営業上の秘密（企業）」などから、そのほとんどが集計データの形で提供されています。このため、個票データと比べて使い勝手が悪くなることに注意してください。またWeb上で取得したデータは、作成元が明確で、作成方法も明示しているデータであること確認しておきましょう。素性のわからないデータの利用は危険です。

Webから取得した集計データの問題点

Webから取得した集計データについては、さまざまな問題に直面することがあります。そこで、政府の統計データ（公的統計）を事例に、そのような問題の1つを見ていきましょう。各省庁が作成している統計データの多くは、総務省統計局の「e-Stat」というポータルサイトを通じて検索・取得ができます（図2-14）。

▲図 2-14　e-Stat（総務省統計局）

このサイトから「国勢調査」でキーワード検索をして、日本の年齢別就業者数のデータを取得してみましょう。なお、「e-Stat」の使い方については、巻末付録で詳しく説明しています。

図2-15は、2015年の静岡県各市町の就業者数を年齢別に示したものですが、図2-15-1に示されている各歳別の就業者数のデータは、静岡市と浜松市の場合だけが示されており、それ以外の市町（静岡県に村はありません）は5歳階級別の就業者数データしか公表されていません（図2-15-2）。小さな市町の各歳別データを公表すると、個人が特定されてしまう可能性があるからです。このように、外部の集計データを利用すると、自由に集計区分を組み替えることができず、精緻な分析をしたくても限界があることに注意しましょう。

▼図 2-15　静岡県の各市町村の就業者数

2-15-1 年齢別の就業者数

年齢	静岡県	静岡市	浜松市
15歳	316	46	76
16歳	981	168	199
17歳	1,474	265	285
：	：	：	：

2-15-2 年齢階級別の就業者数

年齢階級	静岡県	静岡市	浜松市	沼津市	熱海市	…
15~19歳	22,452	4,256	5,091	972	267	…
20~24歳	102,938	19,879	23,245	4,840	868	…
25~29歳	145,762	26,672	32,984	7,128	901	…
：	：	：	：	：	：	：

静岡市と浜松市では1歳ごとの就業者数が出ているが、他の市は5歳ごとのデータしかない

2-4

データを整形する

集めたデータを整形することが重要

**上手い料理を作るには食材の下処理が欠かせないように、
よいデータ解析にもデータの下処理が必要です。誤入力や欠側値などに対して
適切な処理をすることが不可欠で、このような下処理をデータの整形と呼びます。
下処理をしていない「汚いデータ（dirty data）」をきれいにすることから、
データクレンジングやデータクリーニングとも呼びます。**

1　データを整形するとは――効率的で有効なデータ解析をするにはデータの整形が重要

集めたデータ分析するには、その前に、データを使いやすくするため、整理・整頓しておくことが重要です。データの整理・整頓をデータサイエンスではデータの整形と呼びますが、分析結果の成否は、この「整形」の良し悪しにかかっていると言っても過言ではありません。

なお、ここで言う整理・整頓には、データの使い勝手だけではなく、データの誤入力や問題点などがないように、データをきれいに掃除しておくことも含まれます。このような意味から、データの整形を、データクレンジングとかデータクリーニングと呼ぶこともあります。

データの整形で行うべき最も基本的な作業は、図2-16で示されている4つです。

誤入力されたデータを修正する

まず、「誤入力データの修正」ですが、これについては改めて言うまでもありません。

データサイエンスは、文字通り「データ」がすべてです。ですので、誤入力されたデータを放置して分析すると、当然のことですが、バイアスのかかった結果を誘導することになります。注意しましょう。

データの表記を統一する

「データの表記」については、とくに調査などを通じて自分自身がデータを入力・作成する場合には注意が必要です。

P.48の図2-17は、ある量販店の仕入れ先に関する仮想的なデータセットを示したものです。このうち、変数「仕入れ先」の文字データを見ると、たとえばID1では「(株) データ商事」、ID2では「データ商事株式会社」となっています。

これが異なる会社であれば問題ありませんが、同じ仕入先だった場合、コンピュータ上

▼図 2-16　データ整形の基本作業

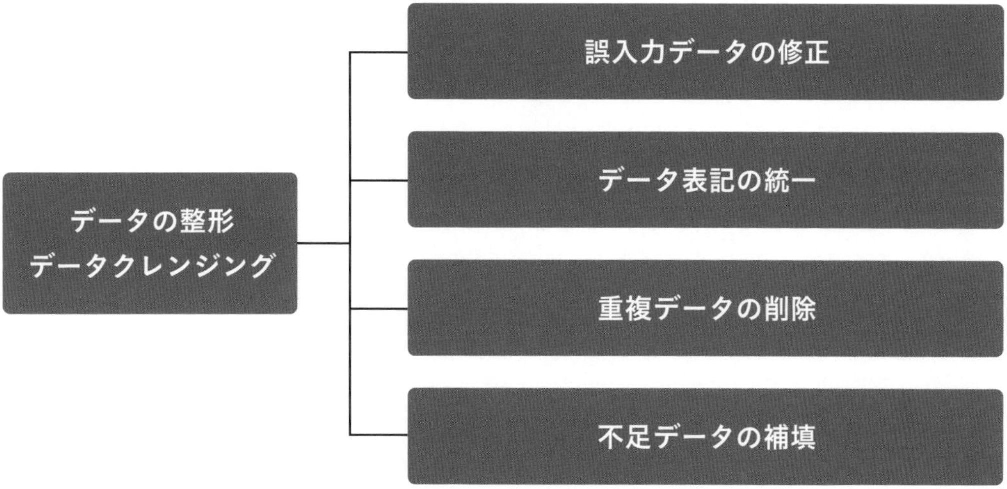

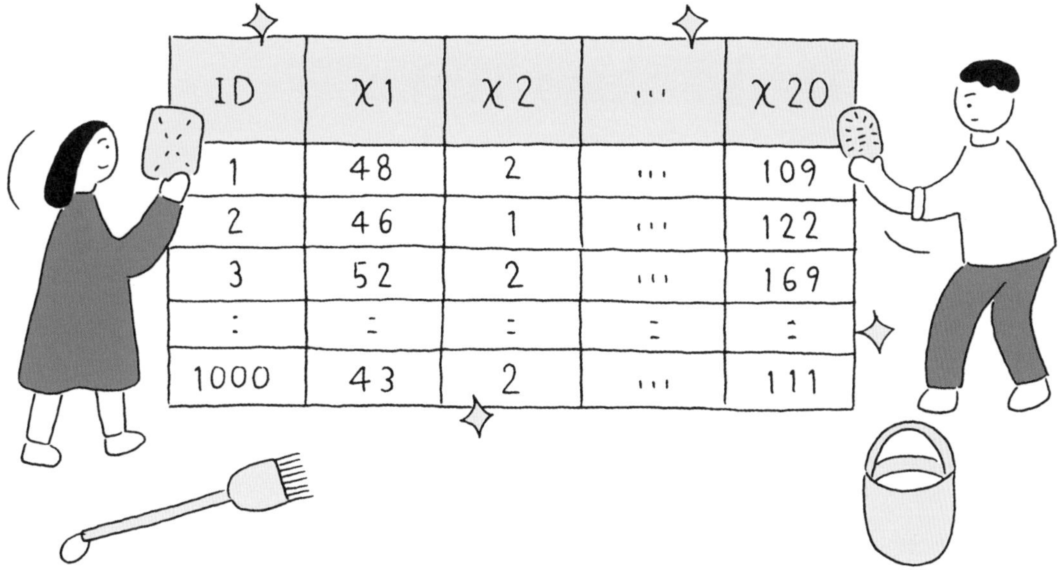

は異なる「仕入れ先」として認識されてしまいます。

同じように、ID3 と ID100 では、明らかに、同じ仕入先だと見た目には理解できるのですが、「株式会社」と「サイエンス」の間の空白の有無によって、コンピュータ上では異なる文字データであると認識される可能性があります。このようにデータを入力する場合は、（とくに文字データの場合には）表記方法を統一しておくことが必要です。

重複データの削除と不足データの補填

重複データの削除や不足データの補填については、外部から集計データを収集した場合に多く発生する問題です。重複データの削除の場合は、すでに収集したデータの中から重複したデータを取り除けばよいので、「何が重複しているのか」をよく調べれば、データクレンジングは可能です。しかし、不足データの補填については、収集不可能な場合があるので注意しましょう。

同じ会社？ それとも違う会社？

ID	仕入れ商品	仕入れ先	単価	数量	…
1	商品 001	（株）データ商事	100	720	…
2	商品 002	データ商事株式会社	120	1200	…
3	商品 003	株式会社　サイエンス	80	900	…
:	:	:	:	:	:
100	商品 100	株式会社サイエンス	500	765	…

見た目には同じ会社に見えるが、コンピュータ上では異なるものとして判断される

▲図 2-17　データ整形時には表記統一が大切

2 完全データと不完全データ——欠測値を含む不完全データは分析結果を歪める一要因

自分自身が調査を行ってデータを作成する場合、しばしば直面するのは、回収された調査票の項目に無回答が含まれている場合です。当然のことながら、無回答のデータポイントは、データの数値が存在しないものとして処理せざるをえません。

このような、存在しないデータポイントを欠測値と呼び、欠測値を含んだデータセットを不完全データと呼びます。それに対して、欠測値のないデータセットを完全データと呼びます。

図 2-18 は、100 人を対象に 10 個の質問項目（変数 *X*1 ～ *X*10）について回答を求めた調査結果をデータセットにしたものです。ID2 の「*X*2： 問 2」、ID3 の「*X*3： 問 3」、ID100 の「*X*10：問 10」が空白になっていますが、この部分のデータポイントが欠測値に相当していて、図 2-18 のデータセットが不完全データであるとわかります。

欠測値を示すデータポイントは、「空白」にするか、質問項目の回答としてはあり得ない数値、たとえば「999」などの数値を入力し、実際のデータ解析の際には、それが欠測値であることを定義しておく必要があります。

注意すべきは、「空白」の場合、あくまでそれは欠測値であって、「0」ではないということです。

図 2-18 の「*X*3：問 3」の ID100 のデータポイントは「0」になっていますが、これは「0」という意味あるデータポイントであり、ID3 の「空白」とは異なります。

欠測値

ID	*X* 1 問 1	*X* 2 問 2	*X* 3 問 3	… …	*X* 10 問 10
1	1	38	0.5	…	358
2	2		1.2	…	400
3	1	53		:	129
:	:	:	:	:	:
100	2	28	0	…	

▲図 2-18 不完全データと欠測値

不完全データは、個票データではよく見られることですが、外部から得た収集データにも含まれていることがあるので注意しましょう。

不完全データというのは、「本来あるべきデータがない」データなので、このようなデータを用いた分析は、「本来あるべき完全データの分析結果」を歪めてしまう可能性があります。こうした問題を解決するため、欠測値を推定値に代えて不完全データを補修し、完全データに近いデータセットに復元する技術が開発されています（単一代入法や多重代入法など）。

なお、推定値を使って欠測値を補修することを「補定」あるいは「補完」と呼びますが、このように欠測値を補定することも広い意味でデータの整形に相当します。

3 外れ値——外れ値の判別と処理はデータクレンジングの対象

変数ごとに整理したデータを点検してみると、極端に大きい数値や、極端に小さな数値のデータポイントがデータセットに含まれていることがあります。あるいは、実際のデータ解析を行ったときにこのようなデータポイントに気づくこともあります。

それぞれの変数について、極端な数値を示すデータポイントを、外れ値もしくは異常値と呼びますが、そうしたデータポイントがあるのとないのでは、大きく分析結果が異なる場合があるので、データクレンジングの対象になります。ただし十分な精査が必要です。

調査データの事例で説明すると、図2-17（→ P.48）のように、単なるデータ入力の際の誤入力なら、調査票を再点検すれば修正可能です。また、調査回答者による誤記入の場合でも、変数の意味を検討すれば、それが誤記入ということがわかることもあります。

図2-19は、ある大学の学生調査に関する仮想的なデータセットを示したものですが、このデータセットを見る限り、外れ値の可能性のある数値が少なくとも2つあります。ID100の「身長」と「親の年収」の数値です。

変数「身長」は、単位を「メートル」で記入してもらう質問項目ですが、ID100では「170」となっています。これは、回答者がうっかり「センチメートル」単位で「170」と記入したのだと考えられますが、変数の他の数値と比較すると明らかに誤記入だということがわかりますね。

一方、「親の年収」については必ずしも誤記入だと判断することができません。仮に単位の「万円」を「円」と回答者が誤解したとしても、親がその年「失業状態」ならば、3.5万円という数値は必ずしも「合理に欠けているので事実ではない」とは言えません。また、回答者が、正しく単位を「万円」と理解していたとしても、3億5千万円という数値が「合理性に欠けているので事実ではない」とは言えないはずです。

■ 外れ値の判断に迷う場合

このように、外れ値が、本当の数値かどうか判断に迷うことはよくあります。そうした場合は、外れ値そのものはクレンジングの対象とせず、そのままデータセットに含めておくとよいでしょう。ただし外れ値を含む変数を使って分析する際は、その変数に外れ値があることを理解した上で、外れ値の影響をあまり受けないデータ解析の方法を選択することが望まれます。

なお、データポイントの数値が外れ値であるかどうかを判断する基準や、外れ値の影響を受けない手法については、次の第３章を参照してください。

以上見たように、整形を施していないデータを用いると、分析結果を歪め、従って事実を歪めて解釈する危険性があります。

繰り返しになりますが、データサイエンスでは「データがすべて」です。データ解析の素材となる肝心のデータに不備があれば、分析結果にバイアスが生じ、信頼性が揺らぐことは当然ですね。

たとえて言うなら、いかに優れた料理人（分析者）が素晴らしいレシピ（データ解析の方法）で腕を振るって調理しても、素材（データ）が悪ければ旨い料理（分析結果）は作れないということです。

ID	学年	性別	身長（m）	…	親の年収（万円）
1	1	男	1.81	…	490
2	2	女	1.56	…	600
3	3	女	1.48	:	530
:	:	:	:	:	:
100	1	男	170	…	35000

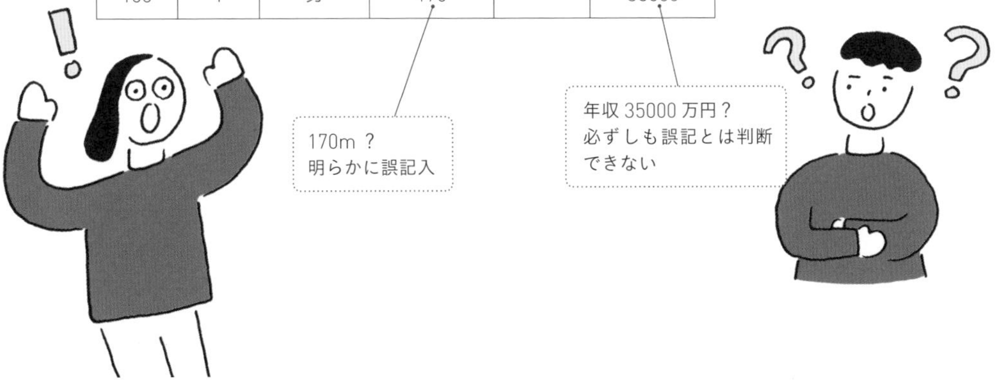

▲図 2-19 誤記入なのか外れ値なのか？

4 選択バイアス——選択バイアスも分析結果を歪める一要因

ところで、直接データの整形に関わることではありませんが、分析結果を歪めるという点では同じ問題を含む選択バイアスについて触れておきましょう。

選択バイアスとは、調査や観測で本来対象となるべき集団から、一部の偏った対象が選択されることによって、データや分析結果に生じるバイアスのことを言います。

図 2-20 は、Web 調査を通じて 100 人の回答者から得た内閣支持率の仮想的な結果を示しています。この調査結果を見ると、内閣支持率は 40％になっているので、一見すると「国民の 40％に支持されている」と判断できるかもしれません。あるいは、100 人だけの調査結果なので、ある程度の誤差はあるけれども、それを差し引いても、4 割前後の支持はあると見なされるかもしれません。

しかし Web 調査は、あくまで Web 上から回答者を募って回答してもらっているということに注意しましょう。このような調査に協力する回答者は、「政治に関心の高い」人や、「この内閣をとくに支持している人」、あるいは「この内閣をとくに嫌っている人」であることが多く、必ずしも「国民」の声を代表しているとは言えません。

「サイレントマジョリティ」という言葉があるように、政治にそれほど関心のない多くの人たちの意見が反映されているとは言えず、「国民」の声になっていないということです。このように、特定の対象者が選択されることによって生じるバイアスのことを選択バイアスと呼びます。

■ 回収率の問題

この調査が、Web 調査ではなく標本調査だった場合も同様のことが生じます。標本調

現在の内閣を	回答者数	構成比
支持する	40	40%
支持しない	30	30%
わからない	30	30%
合計	100	100%

▲図 2-20　内閣支持率の Web 調査結果

査は母集団（国民）からランダムに対象を抽出するので、対象者の抽出時点では選択バイアスの発生する余地はなさそうに思われます。

しかし、問題は回収率です。通常、このような調査の回収率が100％であることはめったにありません。現実的には、50％を下回る調査も多くあります。つまり、回収率が低いということは、非回答者が多いということを意味するわけで、それは、Web調査の場合と同じ事情が作用していると推測されます。結果として、選択バイアスが発生している可能性があるということですね。

選択バイアスの補正方法については、現在さまざまな研究が行われていますが、標準的な手法が確立されているとは言えません。しかし、調査や観測の方法、調査データの回収率などを精査し、選択バイアスの可能性を検討しておくことは、データの整形と同様に重要な「データ解析の第1工程」であると言えるでしょう。

アンケート結果は本当に国民の声なのか

第3章

データを読む

――データ解析の第2工程――

あるスーパーに勤務するマーケティング担当のＡさんは、
社長から日々の売り上げデータを使って
顧客の買い物動向を調べるように命じられました。
この章では、スーパーの売上調査の例でデータの読み方を考えてみましょう。

データを集計し可視化する

データに意味ある情報を語らせる

当然のことですが、集めたデータを整形しデータセットを作ってみても、それは単に数値の集まりなので、それだけで、何か新しいことや役に立ちそうなことがわかるわけではありません。データに「意味ある情報」を語らせることが必要です。

1　データの分布を把握する——単純集計とクロス集計

「データに語らせる」方法として最初に行うべきことは、ともかく変数ごとにデータを集計して分布の特徴を見ることです。「分布の特徴を見る」ことが目的なので、グラフで可視化することも有効です。そこで、量的データと質的データの場合に分けて、データの集計とグラフの役割を見ていきましょう。

①量的データの場合

量的データ、とくに小数点を含む連続変数のデータの場合、そのまま集計しても、まず分布の特徴はわかりません。

図3-1は、このスーパーに買い物に来た顧客の、ある1日の買い物額を示したデータです。この図から、当日、買い物客が100人いたことはわかりますが、買い物額が1円単位の数値であるため、データを見ただけでは、買い物額分布の特徴がまったくつかめません。買い物客の購入品目の組み合わせは千差万別、買い物額も千差万別だからです。

■ 度数分布表にしてみる

先ほど述べたように、量的データ（特に連続変数のデータ）の場合、データをそのまま集計しても分布の特徴は把握できません。そこでAさんは、度数分布表を作成することにしました。

度数分布表とは、データを一定の区間（階級）にまとめて集計した表です。図3-2は、このスーパーに来た顧客の買い物額を一定の区間にまとめ、それに基づいて、Aさんが集計した度数分布表です。なお、各金額の区間を階級と呼び、その階級の範囲内の金額で買い物をした顧客の人数を度数と呼びます。

量的データである金額を、一定の範囲で区切り、該当する数を集計することによって、買い物額分布が明らかとなり、さまざまな特徴を読み取ることができるようになります。

たとえば、「顧客の4割以上が2,000～4,000円の買い物をしており、6割以上が2,000～6,000円の買い物をしている」という特徴です。

量的データは度数分布表にするとさまざまな特徴がわかりやすくなります。

▼図3-1　スーパーのある1日の買物金額　買物金額の分布

データセット

顧客No.	買い物金額
1	2,785円
2	5,972円
3	10,238円
:	:
100	3,480円

買物金額の分布

買い物金額	買い物金額
250円	1人
1,311円	1人
2,785円	1人
:	:
19,560円	1人
合計	100人

▼図3-2　買物金額で度数分布表を作ってみる

金額階級	度数（人）	相対度数(%)
2,000円未満	8	8%
2,000円以上4,000円未満	41	41%
4,000円以上6,000円未満	20	20%
6,000円以上8,000円未満	8	8%
8,000円以上10,000円未満	5	5%
10,000円以上12,000円未満	6	6%
12,000円以上14,000円未満	4	4%
14,000円以上16,000円未満	3	3%
16,000円以上18,000円未満	2	2%
18,000円以上20,000円未満	3	3%
合計	100	100%

顧客の4割以上が2,000円～4,000円の買い物をしている

顧客の6割以上が2,000円～6,000円の買い物をしている

度数分布表…データを一定の区間（階級）にまとめて集計した表。
階級…データの数を集計するために区切った範囲（区間）。
度数…階級の範囲内の数。　**相対度数**…全体に対する割合（%）。

②質的データの場合

量的データとは異なり、質的データは、尺度が名義的なものなので、直接データを集計（単純集計）することによって、各変数のデータ分布と特徴を把握できます。

図3-3は、この日スーパーで顧客が購入した商品（購入した＝1、購入しなかった＝0）に限定して整形したデータセットと、最も多くの顧客が買ったベスト5品目を集計した結果です。

商品の数は無数にありますが、このようにデータセットを直接集計すると、すべての商品の購入者数を集計でき、図3-3のように、上位の商品の集計結果を示すこともできます。

■ **クロス集計**

また、このデータセットは、それぞれの商品に関するカテゴリー変数から編成されていますが、たとえば「性別」のようなカテゴリー変数も含まれていれば、この変数を組み合わせて、性別と商品購入の2つの変数を集計し、データ分布の特徴をつかむことも可能です。このような2変数の集計をクロス集計と呼びます。

▼図3-3　商品の購入者数を単純集計する

顧客ごとの購入商品の有無に限定して整形したデータセット

顧客 No.	商品 001	商品 002	…	商品 718	…	商品 xxx
1	0	0	…	1	…	1
2	1	0	…	1	…	0
3	1	1	…	0	…	0
:	:	:	:	:	:	:
100	0	1	…	1	…	1

最も多くの顧客が買った5品目の購入者数

商品番号	購入者数
718	85
018	76
216	71
359	68
540	65

そこでAさんは､図3-3のデータに「性別」（男性＝1、女性＝2）の変数を加え、図3-4-1のようなデータセットを作成し、最もよく購入された「商品718」について、性別でクロス集計してみました。その結果が図3-4-2です。

この集計結果を見ると、「商品718」は、男性でこの商品を買った人が2人（男性客の約7%)、女性で50人（女性客の約91%）となっており、女性が多く購入する商品であることがわかります。また、この日のデータでは、男性客よりも女性客の方が多かったこともわかります。

このように、クロス集計には、単純集計では見えなかった情報を明らかにできるというメリットがあります。

質的データはクロス集計するとさまざまな特徴がわかります。

Excelでは、クロス集計するときはピボットテーブル機能を使います。

クロス集計…2つの設問（変数）を掛け合わせて集計すること。クロス集計では、2つの項目の関係性がわかる。

▼図3-4　商品の購入者数をクロス集計する

3-4-1　顧客ごとの購入商品の有無に性別を追加したデータセット

顧客No.	性別	商品001	商品002	…	商品718	…	商品xxx
1	2	0	0	…	1	…	1
2	1	1	0	…	1	…	0
3	1	1	1	…	0	…	0
:		:	:	:	:	:	:
100	2	0	1	…	1	…	1

元データセットに性別の変数を追加すると…

3-4-2　商品718について、性別でクロス集計

性別	商品718		
	買った	買わなかった	合計
男性	2	28	30
女性	50	5	55
合計	52	33	85

2　さまざまなグラフ――グラフを使ってデータの分布を視覚的に把握する

データの分布を見るには、集計が不可欠ですが、分布の特徴をすばやくつかむには、グラフによって集計結果を可視化するとよいでしょう。最近では、Excelなどのソフトウェアが普及し、グラフも気軽に作成することができるようになりました。そこで、最も基本となるグラフの活用について見ていくことにしましょう。

①棒グラフ

図3-2（→P.57）の買い物額の「度数」や図3-3（→P.58）の「購入者数」をグラフ化するのに適しているのは、棒グラフです。ただし、図3-2の集計データと図3-3の集計データでは、グラフの示し方に少し違いがあることに注意してください。

図3-5と図3-6は、Aさんが図3-2と図3-3の集計データをグラフ化したものですが、同じ縦棒のグラフでありながら、はっきりとした違いが示されています。図3-5のグラフでは、棒同士が隣接していますが、図3-6のグラフでは、それぞれの棒が離れています。これは、グラフの作成に使用したデータの変数が異なるためです。

図3-5のグラフは、図3-2の度数分布表に基づいて作成されていますが、もともと図

▼図3-5　買い物金額（ヒストグラム）

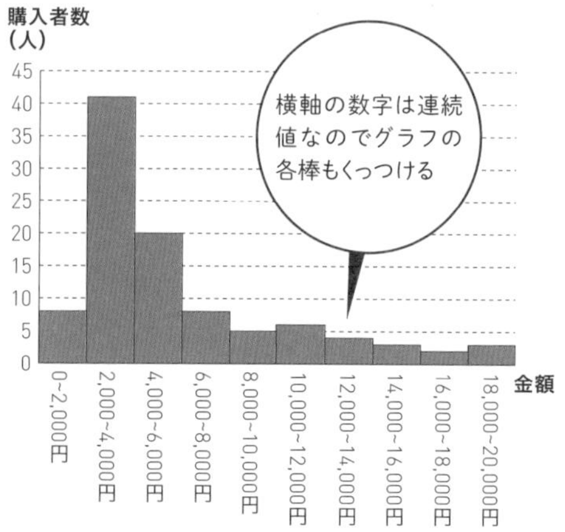

▼図3-6　商品の購入者数（棒グラフ）

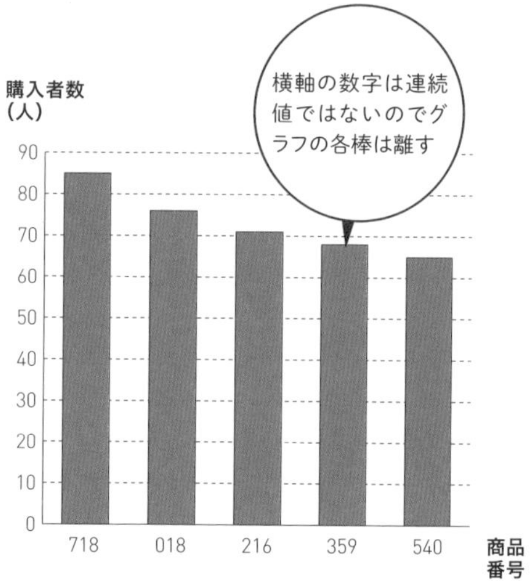

▼図 3-7　買物金額（円グラフ）

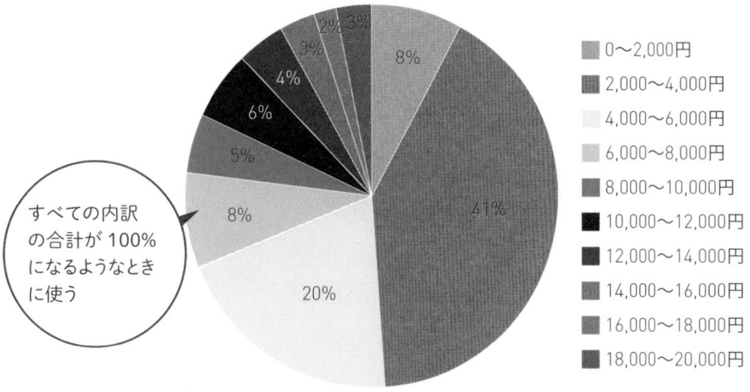

3-2 は、買い物額という連続変数を集計したものでした。つまり、データは「連続値」なので階級を示すグラフの横軸も「連続値」、従って度数を示す各棒も隣接させているわけです。このような棒グラフをヒストグラムと呼びます。

一方、図 3-6 のグラフは、各商品の購入者数を集計した結果が縦棒で示されています。横軸に示されている商品番号の数字は、商品を識別する符号にすぎないので、棒の間は離して表示しなければなりません。

②円グラフと帯グラフ

図 3-2 の買い物金額の「度数」は、棒グラフ（ヒストグラム）で示すことが基本であると述べましたが、度数分布表に含まれる「相対度数（全体に対する割合）」や構成比を示すには円グラフが適しています。

図 3-7 は、図 3-2 の相対度数を円グラフで示したものですが、この図からも明らかなように、円グラフは、すべての内訳（この場合、階級の相対度数）の合計が 100%になるような場合に使うものです。また、図 3-4 の２つのカテゴリー変数のクロス集計による男女間の違いを比較するときも便利です。

次ページの図 3-8 は、商品番号 718 の購入者数を男女別にクロス集計した、図 3- 4 の集計データ（→ P.59）に基づいて作成した２つの円グラフです。両グラフを比較すれば、男女間の差をはっきりと確認することができます。

ただ、円グラフは項目別（この場合は男女）に作成しなければならないので、グラフの数が多くなることもあります。その場合は、グラフをよりコンパクトにまとめるため、図 3-9 のような帯グラフ（横棒グラフ）を使うとよいでしょう。

▼図 3-8　商品番号 718 の購入者数（円グラフ）

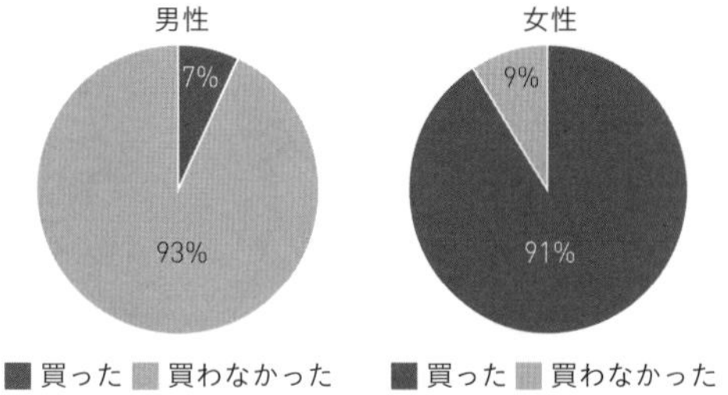

▼図 3-9　商品番号 718 の購入者数（帯グラフ（横棒グラフ））

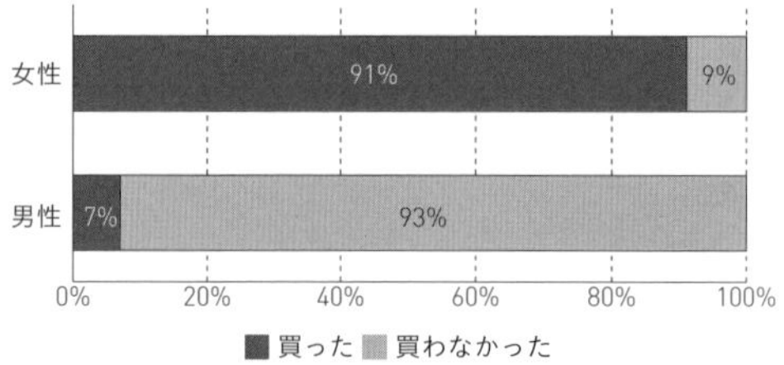

▼図 3-10　過去 4 週間の曜日ごとの売上高

曜日	第 1 週	第 2 週	第 3 週	第 4 週
日曜	500	630	550	600
月曜	20	110	95	200
火曜	250	270	230	260
水曜	300	280	380	400
木曜	200	220	210	180
金曜	350	390	250	300
土曜	600	680	640	630

▼図 3-11　過去4週間の売上高の推移（折れ線グラフ）

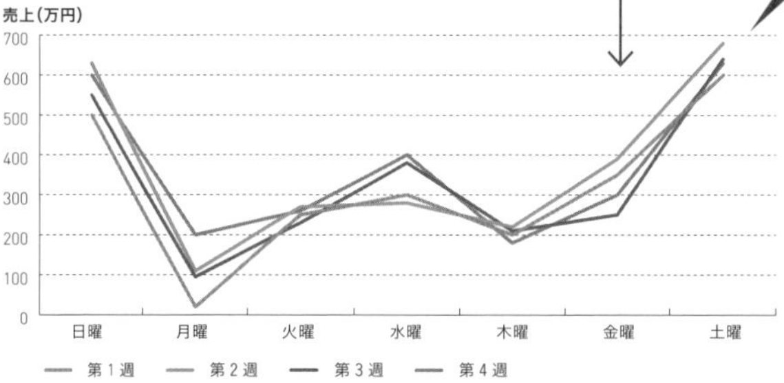

③折れ線グラフ

時間の変化にともなうデータを時系列データと呼びます。たとえば、このスーパーの1日の売上高を毎日記録していけば、売上高の変化を示す時系列データが作成できます。

図3-10は、Aさんが1日の売上高を曜日別に過去4週間分集計した結果です。しかし、この集計表だけを見ても、売上高にどのような変化や特徴があるのかよくわかりません。そこでAさんは、この集計データに基づいて、折れ線グラフを作成することにしました。その結果が図3-11です。この図を見ると、売上が多いのは土曜と日曜で、その後、水曜日を挟んで月曜と木曜に売上が減少するという特徴が確認できますね。

④レーダーチャート

図3-10のデータは、時間の推移にともなう売上額を曜日ごとに集計したものであったため、図3-11の折れ線グラフから曜日別の売上額のパターンを把握することができました。この情報を活用して、曜日別に売上額に一定のパターンがあるかどうかを確認するには、レーダーチャートを作成してみてもよいでしょう。

レーダーチャートは、複数の集計結果を正多角形の図上に描画し、線で結んだグラフです。各集計結果を結んだ形が正多角形に近い形であれば、各集計結果の数値がほぼ同じであることを示し、逆にいびつな多角形であれば偏りのあることがわかります。

図3-12は、図3-10のデータを使ってAさんが作成したレーダーチャートです。日曜から土曜まで、7つの曜日ごとに売上高の集計結果を示しているので、売上額がどの曜日も同じであれば、レーダーチャートの形状は、正七角形になります。しかしこの図を見ると、どの週も土曜日と日曜日に売上額が偏っており、同じようないびつな形状をした七角形が示されています。つまり、折れ線グラフの場合と同様、このレーダーチャートからも、曜日別の売上額には一定のパターンがあることを読み取ることができるわけですね。

このように、数字だけではよくわからなかった特徴がグラフ化することではっきりとわかります。データの集計とグラフによる可視化は、データ解析の最も基礎的な作業だと言えるでしょう。

▼図3-12　過去4週間の曜日別売上高（レーダーチャート）

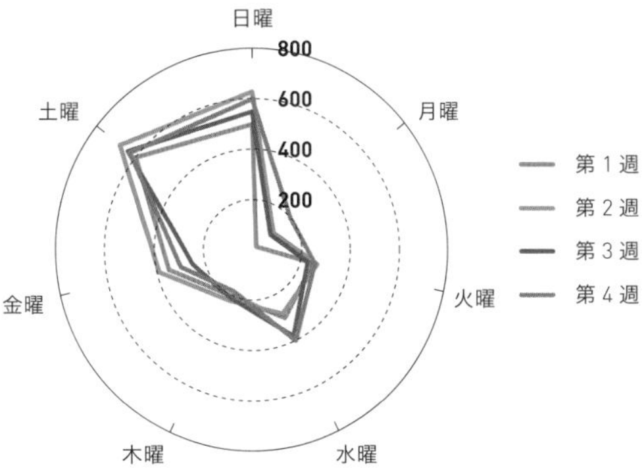

データの情報を要約する

データごとの特徴や、相互の関係を見つける

3-1 節で見たように、データの集計とグラフ化は、データ解析を進めていく上で最も基本的な作業です。こうした作業を一通り終え、各変数の特徴や変数間の関係をある程度把握できたら、さまざまな計算によって、より詳しくそれらの特徴や関係を明らかにすることが必要です。

1　データの情報を得る――データの情報とはデータのバラツキ

データを分析するために利用する計算方法を、統計学では統計的方法もしくはデータ解析の方法と呼びます。

データ解析の方法とは、「意味ある情報」を引き出す数学的方法です。では、ここで想定する「意味ある情報」とは何か。この点について少し補足しておきましょう。

結論から先に述べると、標準的なデータ解析の方法が想定している情報とは、データの変動（バラツキ）です。つまり、個々のデータの数字がそれぞれ違っていることです。

図 3-13 は、A さんが、スーパーで販売している商品 A ～ D の 1 日の売上額（万円）を、ある 1 週間について示した集計したデータ

▼図 3-13　商品 A ～ D の 1 日の売上額

商品 A は 1 日の売上額が同じ
↓
変動がない

商品 B、C、D は曜日により売上額が異なる
↓
変動がある

1 日の来客数は毎日同じ

曜日	1 日の来客数	商品 A 単位：万円	商品 B 単位：万円	商品 C 単位：万円	商品 D 単位：万円
日	1000	30	52	51	210
月	1000	30	21	22	520
火	1000	30	35	36	350
水	1000	30	42	47	420
木	1000	30	30	34	550
金	1000	30	45	50	450
土	1000	30	55	200	300

です。なお、これらは、商品の単価が同じで類似した商品であるとします。

データを見ると、この1週間の来客数は毎日1000人であること、商品Aは1日の売上額がまったく同じであるのに対して、商品B～Dは日によって大きく違いがあることがわかります。

データ解析の視点から、商品Aと商品B～Dのデータを比較すると、商品Aはまったく変動（バラツキ）がないため、1週間分のデータを見るまでもなく、ある1日のデータを見ればそれで十分、つまり毎日30万円の売上があることがわかるだけです。

しかし、商品B～Dは、日によって売上額が変動しているので、この変動の要因をさらに詳しく調べていけば、図3-11（→P.62）で見たように、曜日による売上額の変動パターンが明らかになるかもしれません。

このように、データの変動には、その要因を突き止めることによって「意味ある情報」を新たに引き出せる可能性が秘められています。逆に言えば、変動のないデータは、そこから引き出すことのできる「意味ある情報」が「毎日同じである」ということ以外、ほとんどないということです。

なお、図3-13のデータでは、毎日の来客数が同じであることを前提としているので、商品Aの売上額についてこのような評価ができますが、来客数が異なると顧客1人当たりの売上額も異なるので、この場合は、変動のないデータではなく、変動のあるデータになることに注意しましょう。

2　1変数のデータの特徴をつかむ——データの特徴は代表値とバラツキ

1変数のデータの特徴、つまりデータの分布の特徴をデータ解析の方法によって把握する基本は、次の2つです。

まず、①としては、データの集合を代表する数値（代表値）を求め、データ全体の大きさを計ることです。

次に、②としては、個々のデータと代表値の隔たりをデータ全体の変動として計ることです。

①は平均、②は分散・標準偏差と呼ばれるデータ解析の方法です。さらに加えるならば、③外れ値の影響を確かめることがあります。

重要なポイントです。

①平均を求める

平均とは、データ全体の大きさを1つの数値で示す代表値です。言うまでもなく、個々のデータは、1つ1つが情報そのものになりますので、それらを平均という1つの数値にまとめることは、複数の情報（データ）を1つの情報（平均）に要約することを意味します。

■ **相加平均**

平均というと、「すべてのデータを全部足して、その和をデータの数で割る」という計算をすぐに思い出す人が多いと思います。おそらく読者の皆さんも一度は計算したことがあるのではないでしょうか。

しかしこの平均は、相加平均と呼ばれる平

均で、数ある平均の中の1つでしかありません。他にも、たとえば「相乗平均」や「調和平均」と呼ばれる平均があります（→ P.68）。

相加平均は、もちろん、代表値として最も有効な平均の1つであることには間違いありませんが、データの分布によっては問題が生じることを知っておくことも重要です。そこで、比較のために平均の1つである中央値（メディアン）を取り上げ、両平均のメリット・デメリットを見ていきましょう。

■ 相加平均の問題点

図3-14は、Aさんが、図3-13のデータに基づいて商品Bと商品Cの相加平均の計算結果とその計算過程を示したものです。この結果を見ると、商品Cは、1日当たりの平均売上額が62.9万円で、商品Bと比べて約1.6倍大きいことがわかります。

▼図3-14　商品Bと商品Cの相加平均

$$\underset{\text{（1日当たりの平均売上額）}}{\text{相加平均}} = \frac{\text{すべてのデータの和（曜日ごとの売上を足したもの）}}{\text{データの数（日数）}}$$

商品Bの相加平均

①曜日ごとの売上を足す

$$\frac{52+21+35+42+30+45+55}{7} = 40\ \text{万円/日}$$

②曜日の数（データの数）で割る

③1日当たりの平均売上額（相加平均）

商品Cの相加平均

①曜日ごとの売上を足す

$$\frac{51+22+36+47+34+50+200}{7} = 62.9\ \text{万円/日}$$

②曜日の数（データの数）で割る

③1日当たりの平均売上額（相加平均）

相加平均…すべてのデータの和をデータの数で割ったもの。

▼図 3-15　商品 C の売上の外れ値に着目する

外れ値

商品 C のデータを
よく見てみると…

$$\frac{51+22+36+47+34+50+\textcircled{200}}{7} = 62.9\ \text{万円/日}$$

外れ値を除いて
相加平均を
計算すると…

$$\frac{51+22+36+47+34+50}{6} = 40\ \text{万円/日}$$

外れ値を除くと、
商品 B と同じ
平均売上額に
なる

**相加平均はわずかの外れ値で計算結果が大きく変わってくる。
→外れ値の影響を受けやすい。**

このため、図 3-13 のデータや図 3-14 の計算過程を知らずに、平均の数値だけを情報として受け取ったとすると、単価が同じ商品なので、私たちの多くは商品 C が商品 B に比べてよく売れる商品であると思うかもしれません。

しかし、図 3-13 のデータを見直すと、商品 C の土曜日のデータに 1 つの問題点があることがわかります。 2-4 節でお話しした「外れ値」の問題です（→ P.50）。商品 C の日曜～土曜までの売上額のデータを見ると、土曜日のデータだけ「200 万円」となっており、それ以外の曜日の売上額に比べて、桁違いに大きいことがわかります。実際、外れ値である土曜日の売上額を除いて、日曜～金曜の 6 日間の平均をとると、40 万円となり商品 B の平均値と同じであることが確認できます。

このように、相加平均には、わずかの外れ値によって、その計算結果が大きく変化する特徴があり、相加平均による比較には外れ値のチェックが不可欠です。

column

さまざまな平均

相加平均は、最も代表的な平均ですが、それ以外にも、用途に応じてさまざまな平均があります。そのうち、相加平均と並んでよく利用されるのが相乗平均（幾何平均）と調和平均です。

相乗平均は、成長率や上昇率（下落率）など、変化率の平均を求めるときに使用します。たとえば、ある地域の地価のデータから、対前年比の変化率を求め、過去 5 年間の年平均変化率を見たいような場合は、相加平均ではなく相乗平均を用いて算出します。一方、調和平均は、データの逆数の平均で、平均時速などを求めるときに使われます。

■ 中央値

外れ値の影響が小さい中央値を求めて、その結果を相加平均と比較することも有効です。中央値（メディアン：median）は、「位置の平均」と呼ばれることもあるように、計算ではなくデータの位置（順位）に基づいた平均です。求める方法はシンプルで、変数のデータを大きい順、もしくは小さい順に並べ替え、その中央に位置するデータ（真ん中のデータ）の数値を代表値とします。

図 3-16 は、図 3-13 のデータから商品 B と商品 C について小さい順に並べ替えたものです。データの数は 7 つと奇数であるため、ちょうど真ん中の順位に位置するデータは、商品 B が 42 万円、商品 C は 47 万円となり、これが中央値の数値となります。どちらも 40 万円台の金額が代表値となっていますので、商品 C の相加平均の約 63 万円とは大きく異なることがわかります。

このように、中央値は極端な外れ値の影響を受けにくいため、変数の代表値を調べるときは、相加平均だけではなく、中央値の数値も併せて検討するとよいでしょう。

なお、図 3-16 の場合は、データの数が奇数だったので中央に位置するデータを特定することができましたが、偶数の場合は、2 で割った数の順番と次の順番のデータの相加平均を計算して求めます。たとえば、データの数が 8 の場合は、4 番目のデータと 5 番目のデータの相加平均を計算して中央値を求めます。

▼図 3-16　小さい順番に並べ替えた品 B と商品 C の売上額から中央値を探す

小さい順番	1番目のデータ	2番目のデータ	3番目のデータ	4番目のデータ	5番目のデータ	6番目のデータ	7番目のデータ
商品 B	21	30	35	42	45	52	55
商品 C	22	34	36	47	50	51	200

中央値は外れ値の影響を受けにくい。

中央値

②分散と標準偏差を求める

データ全体の変動を把握する計算方法で最もよく使われるのが分散とその平方根である標準偏差です。これらの方法は、個々のデータ間の違い（変動）を計ることから始めます。具体的には、「個々のデータと相加平均の差（偏差）」を「個々のデータ間の違い」とします。

図 3-18 は、A さんが、図 3-13 （→ P.64）に示された商品Bの分散を求めた計算結果と計算過程を示しています。

分子の部分を見ると、分散では、「個々のデータと相加平均の差」の 2 乗を尺度としていることがわかります。2 乗せずに「個々のデータと相加平均の差」を合計すると、0 になってしまうからです。

図 3-19 は、A さんが行った図 3-18 の計算をグラフで示したものです。図 3-19[1]は、縦軸が商品 B の売上額で、1 つ 1 つの点は各曜日のデータポイント（売上額）を示しています。赤線は、相加平均の 40 万円のラインです。

[2] は、各曜日のデータポイントからの平均値への距離（差）を青点線で示しています。「平均」とは、文字通り平らに均《なら》すわけで、赤線より上の青点線（プラスの数値）合計と下の青点線（マイナスの数値）合計を相殺すると差し引き 0 になり、赤線の 40 となります。従ってこのままではバラツキの尺度にはなりません。

そこで[2]の青点線を 2 乗してみたのが[3]です。各青点線を 1 辺とする正方形の面積をそれぞれ求め、これらの面積の合計を 7 で割ると、面積の相加平均を求めていることになります。これが分散の考え方です。

なお、元のデータと同じ単位にするために求めた分散の正の平方根が標準偏差です。

▼図 3-17 偏差、分散、標準偏差の計算式

偏差 ＝ データの値 － 相加平均の値
（曜日ごとの売上額）　（1 日当たりの平均売上額）

$$\text{分散} = \frac{(\text{偏差})^2 + (\text{偏差})^2 \cdots\cdots + (\text{偏差})^2}{\text{データの数}}$$

$$\text{標準偏差} = \sqrt{\text{分散}}$$

偏差…各データがどれだけ相加平均の値から離れているか（個々のデータ間の違い、データの変動）。
分散…各データにどの程度のバラツキがあるのか（データの変動の相加平均）。
標準偏差…分散の平方根。

▼図 3-18　商品 B の分散の計算

日曜日の売上額　　1 日当たりの平均売上額

$52-40$

①個々のデータ（各曜日の売上額）と相加平均（1 日当たりの平均売上額）の差を求める

②日曜から土曜までの個々のデータと相加平均の差の 2 乗を足す

$$\frac{(52-40)^2+(21-40)^2+(35-40)^2+(42-40)^2+(30-40)^2+(45-40)^2+(55-40)^2}{7}=126.3\cdots$$

③曜日の数（データの数）で割る

④分散

$$\sqrt{126.3\cdots}=11.2\cdots$$

⑤標準偏差

▼図 3-19　分散の計算過程をグラフで表してみると…

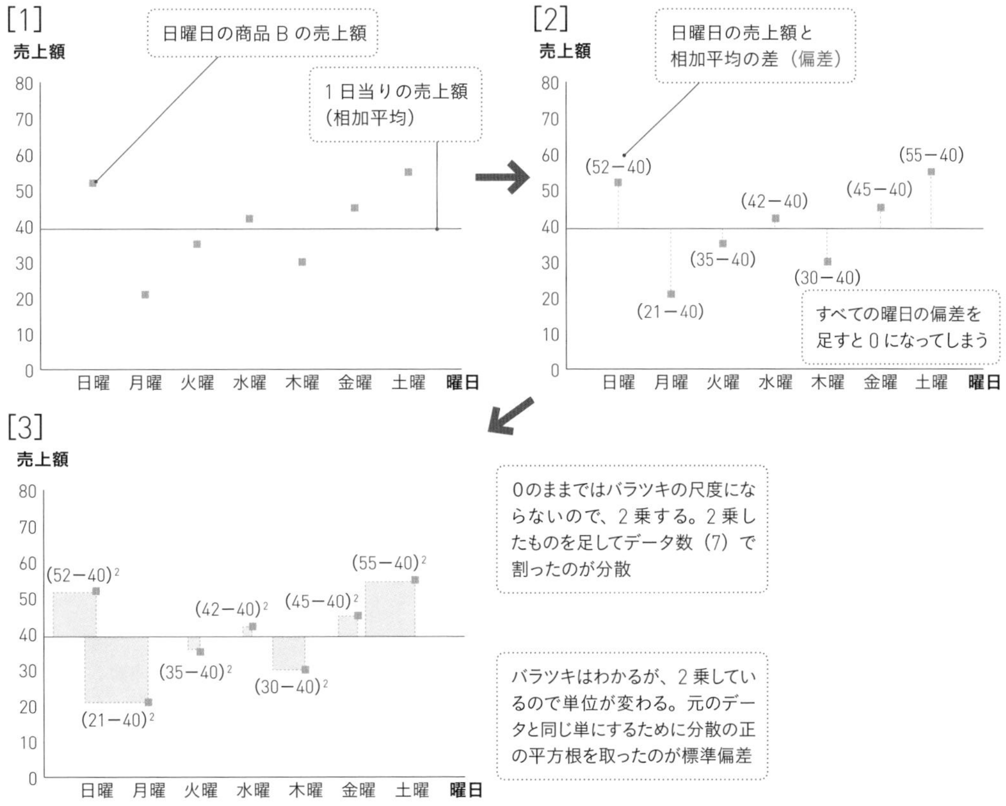

■ 変動係数

データの変動が全くない商品Aの分散は、0になります。従って、分散の数値が大きくなれば、データ全体の変動も大きくなる傾向がありますが、それについては注意が必要です。

図3-20は、Aさんが、図3-13（→P.64）のデータから商品Bと商品Dの変動の大きさを調べた結果です。分散と標準偏差は、ともに商品Bより商品Dのほうが大きいので、一見すると商品Dの売上額のバラツキが大きいように思われます。しかし、単純に比較することはできません。相加平均に着目すると、商品Dが商品Bより大きいことがわかります。

分散や標準偏差は、相加平均が大きくなると、それに連動して大きくなります。たとえば同じ身長のデータであっても、センチメートルを単位とした場合（160）のほうがメートルを単位とした場合（1.6）よりも、平均はもとより分散や標準偏差も大きくなるわけです。

しかし、同じデータのバラツキを見ているのですから、メートルの場合であってもセンチメートルの場合であっても、同じ大きさでなければ整合性がとれません。

▼図3-20　変動係数で商品Bと商品Dのバラツキを比較する

商品	商品B	商品D
相加平均	40	416.7
分散	126.3	12788.9
標準偏差	11.2	113.1
変動係数	0.28	0.27

DがBより大きい（相加平均・分散・標準偏差）

BがDより大きい（変動係数）

そこで、

データのバラツキ度合いの指標
変動係数＝標準偏差　÷　相加平均

を使う

変動係数…データのバラツキ度合いの指標。

こうした問題を避けるため、平均の違う変数の変動を比較するには、変動係数を使うと便利です。変動係数は、標準偏差を相加平均で割ったものです。図3-20には、変動係数の数値も示されていますが、それによると、変動係数は商品Dのほうが小さいので、データのバラツキは、商品Bよりむしろ商品Dのほうが小さいと見なければなりません。

③外れ値の影響を確かめる

図3-13で示されているように、商品Cの「土曜日」の売上額は、明らかに外れ値に相当します。しかし、どのような数値を外れ値とみなしたらよいのか、その基準を知っておくことも重要です。

外れ値の基準はさまざまありますが、1変数の場合、四分位数を利用する図3-21のような基準が最も簡単で便利です。

なお、四分位数は、データを4等分する3つの値です。データを小さい順に並べ替えたとき、下方25%に位置するデータが第1四分位数、50%に位置するデータが第2四分位数、75%に位置するデータが第3四分位数となります。従って、第2四分位数は中央値と一致します。

▼図3-21　外れ値の基準

外れ値の上限基準
≧ 第3四分位数 ＋ 1.5 ×（第3四分位数 ー 第1四分位数）

外れ値の下限基準
≦ 第1四分位数 ー 1.5 ×（第3四分位数 ー 第1四分位数）

▼図3-22　四分位数

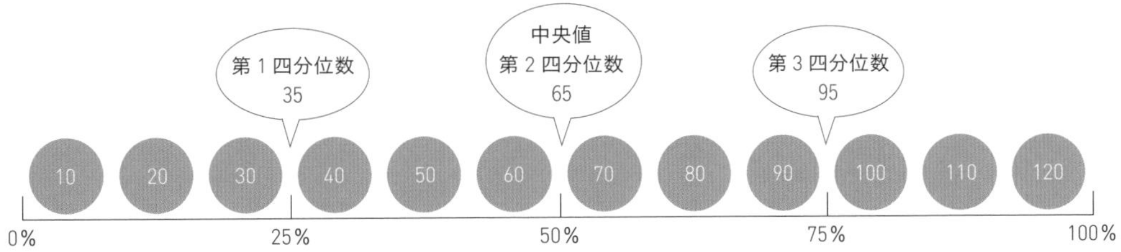

※測定値が0から120までの12個の数値の例

四分位数…データを4等分する3つの値。

3　2変数の関係を見つける――量的データに基づく2変数の関係は相関係数を使うのが基本

2-1節で見たように、カテゴリー変数に基づく質的データの場合、2変数の関係は、クロス集計を検討することによって、ある程度明らかにすることができました。しかし、連続変数や離散変数に基づく量的データの場合は、相関係数と呼ばれる方法を使って、直接データから関係の強さを示す数値を求めることができます。

ただし、相関係数で示される2変数の関係とは一体何を意味するのか、それを確認しておくことが重要です。

■ 散布図

図3-23は、Aさんが図3-13(→P.64)のデータから商品B～Dの売上額を使って作成したグラフで、散布図と呼ばれます。散布図とは、縦軸と横軸にそれぞれ2変数の尺度を置き、2変数のデータポイントの交点をグラフで示したもので、2つのデータの関係性を把握するのに適しています。

▼図3-23　商品B・Cと商品B・Dの散布図

3-23-1　　3-23-2

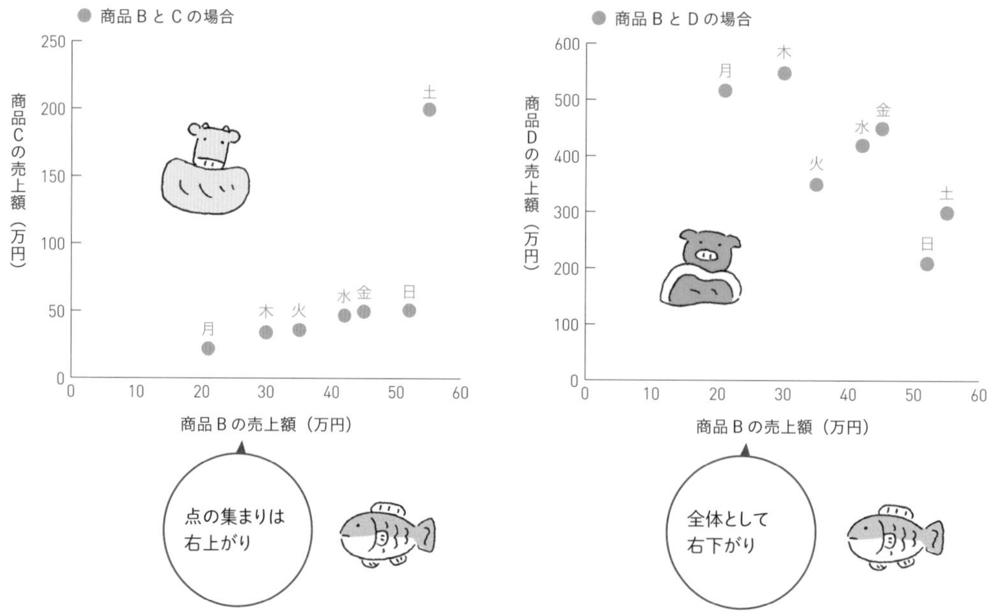

図3-23-1は、横軸に商品B、縦軸に商品Cの売上額をとり、各曜日の両商品の売上額を点で示しています。一方、図3-23-2は、横軸に商品B、縦軸に商品Dの売上額をとり、同様に両商品の売上額を点で示しています。

■ 相関関係

図3-23-1を見ると、全体に点の集まりは右上がりになっていますが、反対に図3-23-2では右下がりになっています。つまり、図3-23-1の場合、商品Bがよく売れる曜日は商品Cもよく売れ、商品Bがあまり売れない曜日は商品Cもあまり売れないことを示しています。

逆に図3-23-2の場合、商品Bがよく売れる曜日は商品Dがあまり売れず、商品Bがあまり売れない曜日は商品Dがよく売れることを示しています。

このように1つの傾向としての関係を相関関係と呼び、図3-23-1のような相関関係を正（プラス）の相関、図3-23-2のような相関関係を負（マイナス）の相関として区別します。

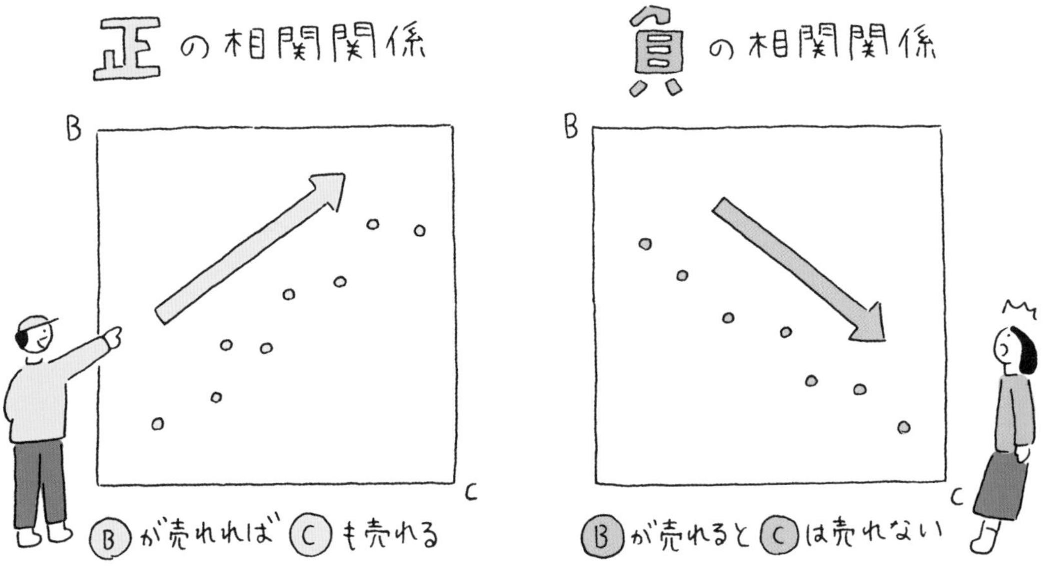

■ 相関係数

相関関係では、関係の有無だけではなく、関係の強さも重要な意味を持ちます。この関係の強さを示すデータ解析の方法が相関係数です。

図 3-24 に、正の相関に関する３つの散布図が示されています。

図 3-24-1 は、点の集まりが完全に一直線で右上がりになっており、一方の変数が上昇すれば、もう一方の変数が一定の割合で確実に下落し、完全に正の相関関係があることを示しています。

図 3-24-2 の場合は、図 3-24-1 に比べてややルーズな関係ですが、全体としては右上がりの傾向を示しています。これに対して、図 3-24-3 の場合は、右上がりの関係を示しておらず、正の相関関係が認められません。つまり、図 3-24 は、左から順に相関関係の強さの順位を示していることになります。

相関係数は、関係の強さを示す尺度としてしばしば活用されます。なお、相関係数の数値は、正の相関の場合、0 から 1 の間の数値、負の相関の場合、0 から－１の数値となり、絶対値が 1 に近いほど相関が強いと見なされます。

▼図 3-24　相関係数と散布図

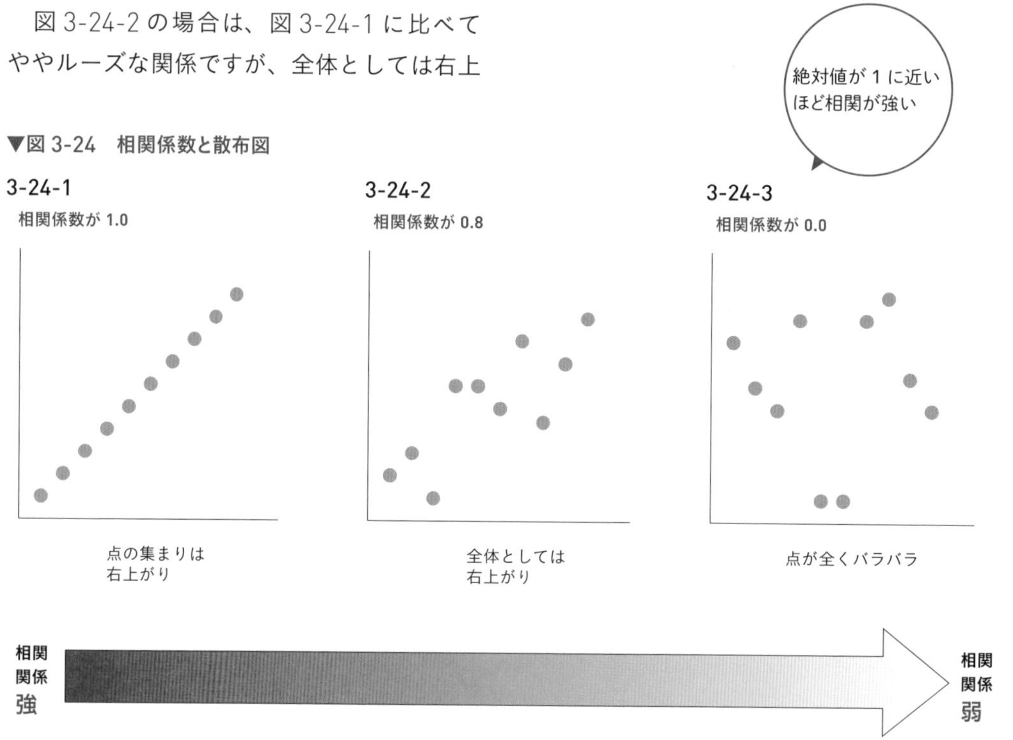

図3-25は、商品Bと商品Dに関する相関係数の計算手続きを示したものです。図にあるように、相関係数の計算には共分散の計算が必要になります。

共分散は、2つの変数間のバラツキの大きさを見る指標です。バラツキの大きさを見るという点では分散と同じようなものですが、分散が1変数のバラツキを見る指標であるのに対して、共分散は2変数のバラツキを見る指標であることに注意してください。

図3-25の場合、共分散は「商品Bの個々のデータと相加平均の差」と「商品Dの個々のデータと相加平均の差」の積をすべてのデータについて合計し、データの数7で割ったものです。つまり分散と同じく、共分散も1つの相加平均です。

Aさんは、この数値と標準偏差を使って商品Bと商品Dの相関係数を求めてみたところ、－0.79となり、かなり強い負の相関ががが確認できました。つまり、商品Bは、日曜、水曜、金曜、土曜に売上が多く、逆に商品Dは、月曜、火曜、木曜日に多いという売上パターンがあることを、この計算結果からも読み取ることができるわけです。

▼図3-25　商品Bと商品Dの相関係数の計算方法

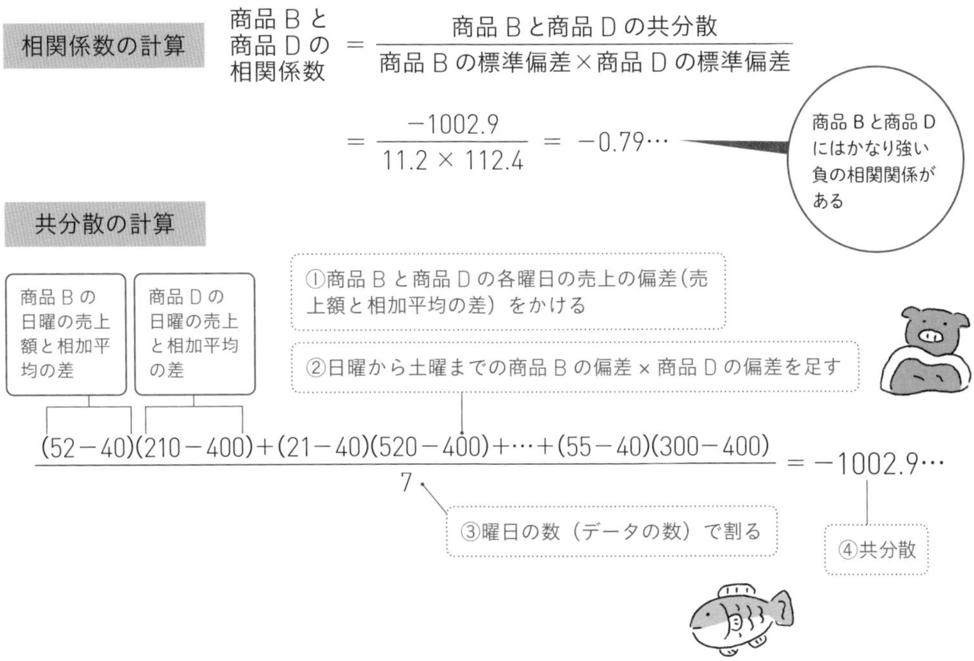

4　多次元データの関係を把握する
——多次元データを統一的に分析するには多変量解析の方法を使うのが基本

相関係数は2変数間の関係を見る手法でした。しかし、多変数のデータを収集できれば、2変数以上の変数についてさまざまな関係や傾向などを知りたくなるものです。

多くの変数からなるデータセットを、多次元データ、もしくは多変量データと呼びますが、そのようなデータを統一的に分析するデータ解析の方法はさまざまで、それらの方法を総称して多変量データ解析と呼びます。具体的な手法の紹介と計算例については、第4章と第5章で扱いますが、ここでは、多次元データの意味と多変量データ解析の計算方法に関する2つのタイプについてお話しします。なお、説明のシンプルさを考慮して、3次元の場合について取り上げます。

図3-26は、図3-23-1（→ P.74）の商品B・C、図3-23-2の商品B・Dの2次元データの散布図と、それらを合わせて拡張した商品B・C・Dの3次元データの散布図です。2次元データと、それをさらに拡張した3次元データの一例を示しており、点の部分が各変数の数値に対応したデータポイントになり

▼図3-26　2次元データと3次元データ

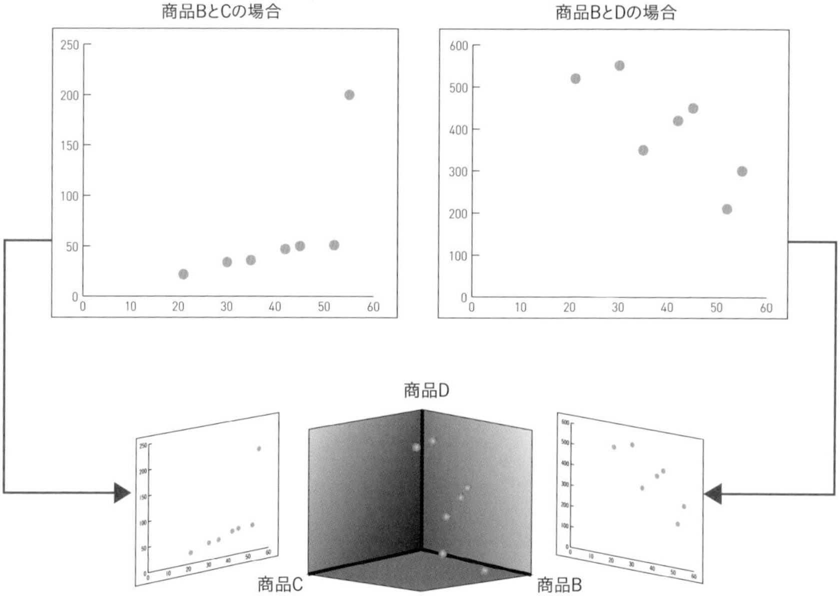

ます。

相関係数のところでも話をしましたが、散布図とは、２次元データを点で示したものです。多次元のデータを考える場合は、データの分布する空間をイメージすると、視覚的にはわかりやすいかもしれませんね。つまり２次元の場合は平面、３次元の場合は立体です。

■ 予測と分類

ところで、多次元データを分析する手法の基本は、大きく２つのタイプに分けることができます。図 3-27 は、多次元データの手法に関する基本的な目的を、３次元のデータについて示したものです。

図 3-27-1 は、相関係数の散布図の場合と同じように、３変数間に関係があることが示されていますが、全体の傾向として、楕円形が右上がりになっています。これらの関係から、３つのうち１つの変数に関する予測を、他の２つの変数を使って行うことができるようになります（→第５章）。

一方、図 3-27-2 の場合は、データポイントの集合が、２つのグループに分かれているので、３変数から２つの異なるタイプのグループを分類することができます（→第４章）。

▼図 3-27　３次元データの分析目的と手法

3-27-1　予測を行う場合

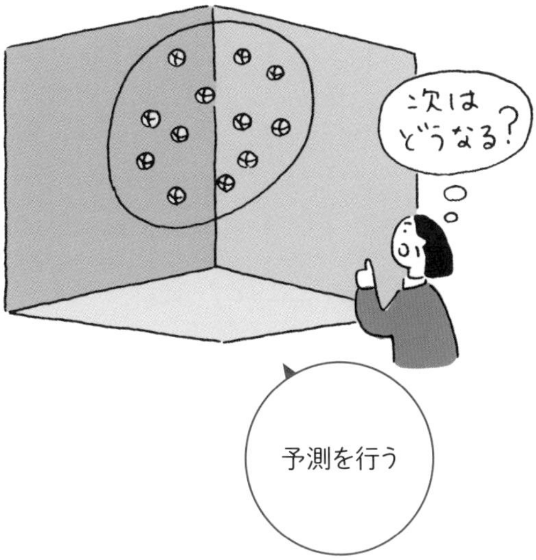

3-27-2　分類を行う場合

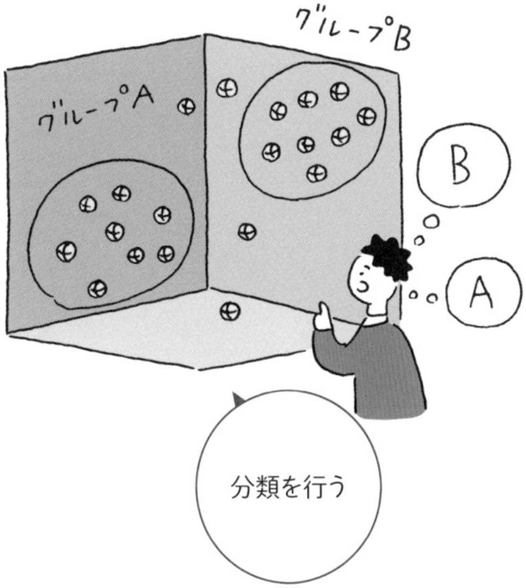

5　結論を一般化するために——データに基づく結論を一般化するための考え方は2つ

本章では、スーパーの売上額という事例を使って、データの要約に関する方法を紹介しました。しかしながら、実際のデータ解析を行う人にとって、最も関心が高い問題の1つは、得られた結論が一般化できるかどうかという点です。

たとえば、図3-13（→P.64）は、1週間分のデータが示されているにすぎないので、商品ごとに日曜日から土曜日にかけての売上パターンが毎週同じように確認できるかどうかはわかりません。図3-10（→P.62）のデータのように4週間分のデータを使えば、少なくとも図3-13の場合よりは確実なことが言えるかもしれませんが、それでも一般化して言うには不安が残ります。

データに基づく結論を一般化するのは、そう簡単なことではありません。しかし、大きく2つの考え方がありますので、それらを紹介して本章の結びとしましょう。

■ データが完全に母集団からランダムに得られた場合

1つは、第2章でもお話ししましたが、データが完全に母集団からランダムに得られた場

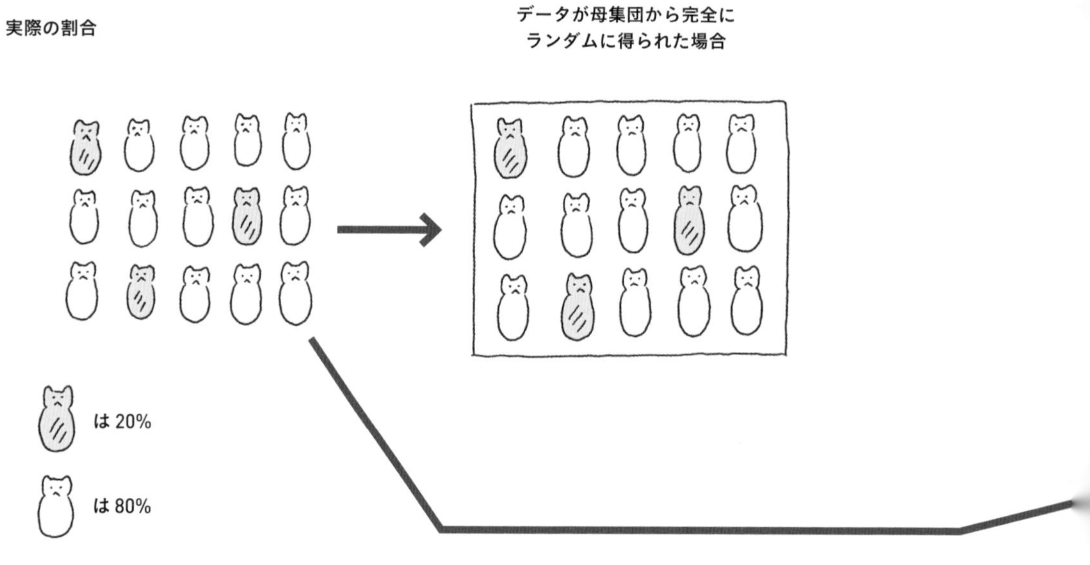

▲図3-28　一般化

合です。この場合は、確率の論理による一定の制約はありますが、データの数が少なくても一般化することが可能です。

■ **ビッグデータの考え方による場合**

もう 1 つは、ビッグデータの考え方による場合です。つまり、データがランダムであってもなくても、偏りがあってもなくても、大量のデータを取り続けていけば、そのようなデータを使った分析結果は、一定の一般化が可能であるという考え方です。確率論に大数の法則というのがありますが、このような一般化は、言わば大数の法則を導き出すことと似た意味を持っています。統計学上の大数の法則は、実は 200 年近く前にすでに応用されていて、多くの支持を受けたという経緯があります。その意味では、ビッグデータの解析は、実は新しいようで古い考え方に回帰しているのかもしれませんね。

ビッグデータの考え方による場合

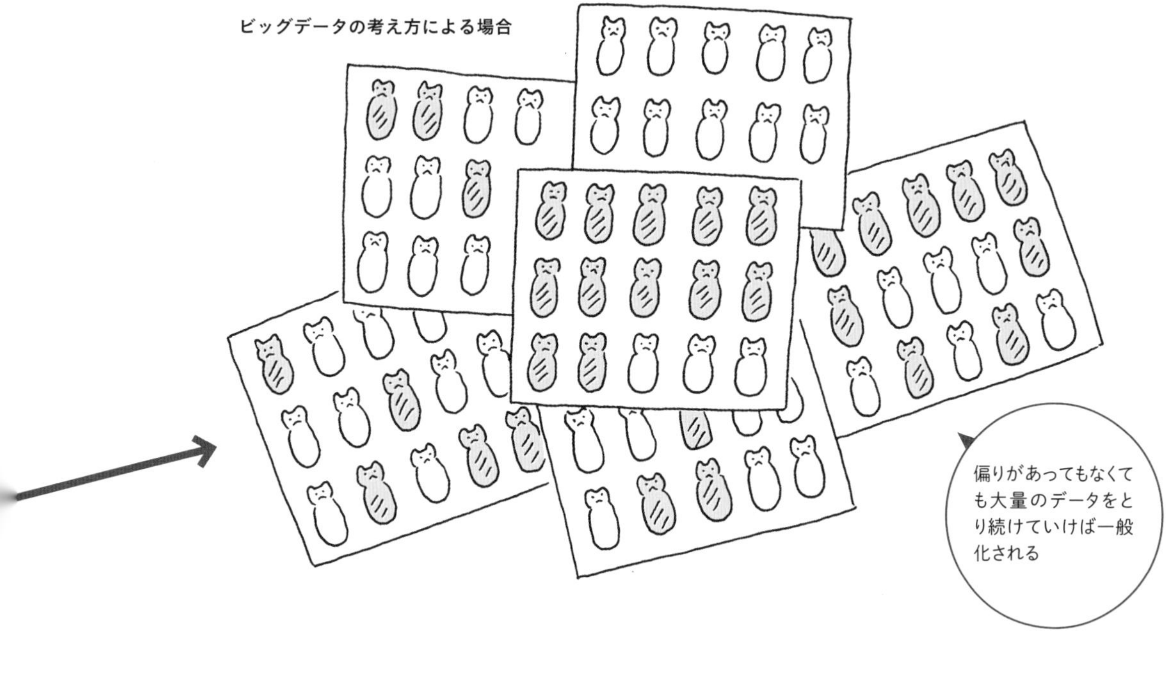

第4章

データを分類する

——データ解析の第3工程——

大学生のＢさんは、ゼミで地域研究を行っています。
このため各都道府県に関するにさまざまなデータを集め、
よく似た特徴を共有する
都道府県を分類しようと試みました。

4-1

似たもの同士を分類する

クラスター分析でデータを分類する

多くの変数からなるデータセットを使って、多次元データを総合的に分析するには、グラフや１変数ごとの分析だけでは不十分です。
多くの変数を同時にまとめて分析することが必要です。
その手始めに、本節ではクラスター分析を取り上げてみましょう。

1　クラスター分析の考え方——類似したデータポイントを直接分類する

多くの変数を含む多次元データでは、さまざまな変数を組み合わせ、それらをまとめて分析すると、グラフや１変数を分析しただけでは見えなかったさまざまな特徴や傾向が見えてくることがあります。そのような分析に用いるデータ解析の方法を多変量データ解析と呼びます。

多変量データ解析にはさまざまな手法がありますが、本節では、その１つであるクラスター分析を取り上げてみましょう。これは、多くの変数から見たときに、それらをまとめて、似たパターンを示すデータポイントを分類するデータ解析の方法です。

▼図 4-1　２次元のデータポイントの分布のようす

4-1-1　群れの境界線がわかりやすく、データポイントを分類しやすい

4-1-2　群れの境界線がわかりにくく、データポイントを分類しにくい

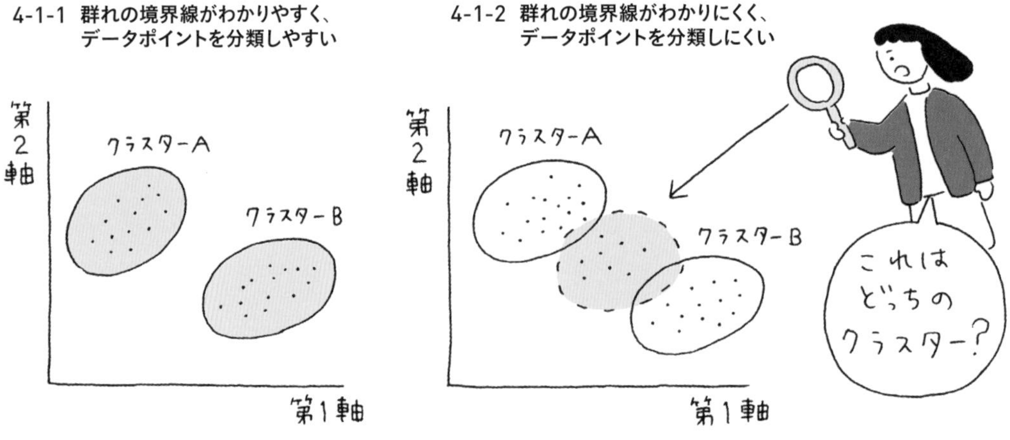

クラスターとクラスター分析

図4-1は、2つの変数について、散布図、つまり2次元のデータポイントの分布を示したものです（具体的な事例は次の節でお話しするので、ここでは2つの変数の意味は問いません）。

まず、図4-1-1からはっきりとわかることは、データポイントが2つのグループに分かれており、それぞれ似た者同士の「群れ」を作っていることです。この「群れ」のことをクラスターと呼びます。また、これら2つのクラスターには、

- **クラスターA**
  第1軸の変数は小さいが第2軸変数は大きい
- **クラスターB**
  第1軸の変数は大きいが第2軸の変数は小さい

という特徴があることがわかります。

このように、見た目にもはっきりとクラスターが特定できる場合は問題ありませんが、変数が3つ以上の場合や、図4-1-2のように、2つのクラスターの境界線が不明瞭な場合は、クラスターの分類が難しくなります。

たとえば、図4-1-2の場合、点線で囲まれたデータポイントは、クラスターAやクラスターBのどちらでもない、まったく別の新たなクラスターなのか、あるいはクラスターAかクラスターBのどちらかに含まれるのか、判断に迷いますね。こうしたときに威力を発揮するのがクラスター分析です。

■ ウォード法

クラスター分析にはさまざまな計算方法があり、それによって分類結果が異なる場合も少なくありません。本章では、これらの計算方法のうち、ウォード法と呼ばれる計算方法を使ってクラスター分析の事例を説明しています。

ウォード法は、個々のデータポイントを、段階ごとに少数のクラスターに分類（階層的に分類）していく方法の1つで、各段階で分類されるクラスター内のデータポイントのバラツキが最小になるように分類していく、という考え方に基づいて計算が行われます。

2　クラスター分析で分類する——似た者都道府県を分類する

大学生のBさんは、ゼミで行っている地域研究のために集めたデータから、まず、各都道府県の「人口規模」と「所得水準」に着目し、この2変数から、似たパターンを示す都道府県を分類しようとしています。

分析に使う変数の意味や定義を確認

図4-2は、Bさんが分析に使用する2変数「人口規模」と「所得水準」のデータを示しています。どちらも2017年の年間データですが、人口規模を表す「人口」は、離散変数で総務省が公表しているデータ、所得水準を表す「1人当たりの雇用者報酬」は、連続変数で内閣府が公表しているデータで、いずれも量的データであることに注意しましょう。

また、外部から集めたデータ（公的統計）のため、どちらも集計データに相当しますが、「1人当たりの雇用者報酬」は、各県の雇用者報酬の総額を雇用者数で割った数値、つまり平均値であることに注意しましょう。

もう1つ注意しておきたいのは、「雇用者」の意味です。通常、「雇用者」というと、働いている人を雇用している企業や個人を指す場合が多く、その場合、働いている人は「被雇用者」となります。しかし、政府の公的統計では、「雇用者」が「被雇用者」の意味で使用されています。

このように、外部からデータを取得するときには、変数の意味や定義をよく調べておくとよいでしょう。

▼図4-2　クラスター分析に使用する2変数のデータ（人口と1人当たりの雇用者報酬）

都道府県名	人口 単位：人	1人当たりの 雇用者報酬 単位：千円
北海道	5320082	4912
青森県	1278490	3907
岩手県	1254847	4183
：	：	：
宮崎県	1088780	3962
鹿児島県	1625651	3656
沖縄県	1443116	3869

1 変数の計算結果からわかること

図 4-3 は、B さんがクラスター分析を試みる前に、「人口」と「1 人当たりの雇用者報酬」の各変数について特徴を調べた結果です。クラスター分析に使用する 2017 年のデータの特徴を明らかにするため、それぞれ 10 年前の 2007 年のデータを使って、相加平均、標準偏差、変動係数を求めています。

これらの計算結果を見ると、人口規模については、平均が 2724100.9 から 2695876.8 と減少していますが、変動係数が 0.957 から 1.011 と大きくなっており、都道府県の格差が少し広がったことを示しています。

一方、所得水準については、平均が 4441.7 から 4461.8 と微増していますが、変動係数が 0.104 から 0.086 と小さくなっており、都道府県の格差が少し小さくなったことを示しています。

なお、所得水準を表す「1 人当たりの雇用者報酬」の都道府県平均値は、各県の雇用者数が異なるので、全国で見た「1 人当たりの雇用者報酬」の数値と一致しないことに注意しましょう。

▼図 4-3　各変数の 2007 年と 2017 年の比較

1 変数の計算結果	人口		1 人当たりの雇用者報酬	
	2007 年	2017 年	2007 年	2017 年
平均	2724100.9	2695876.8	4441.7	4461.8
標準偏差	2607632.0	2725268.1	461.5	382.2
変動係数	0.957	1.011	0.104	0.086

人口規模の格差は少し大きくなった

所得水準の格差は少し小さくなった

箱ひげ図で各変数の散らばり具合をみる

図 4-3 のように、各変数の分布の特徴を確認した B さんは、さらに、東京都の数値が外れ値になるのではないかと考え、中央値や四分位数を求め、さらに、箱ひげ図と呼ばれるグラフを作成してみました。

箱ひげ図は、図 4-4 のようなグラフで、バラツキのあるデータを比較するのに適しています。相加平均、中央値、下方ヒンジ（第 1 四分位数に相当）、上方ヒンジ（第 3 四分位数に相当）、外れ値を除く最大値、外れ値を除く最小値、外れ値が 1 つの図にまとまっています。この箱ひげ図によって、外れ値を含めた 1 変数の分布の特徴を簡単に把握することができます。

▼図 4-4　箱ひげ図

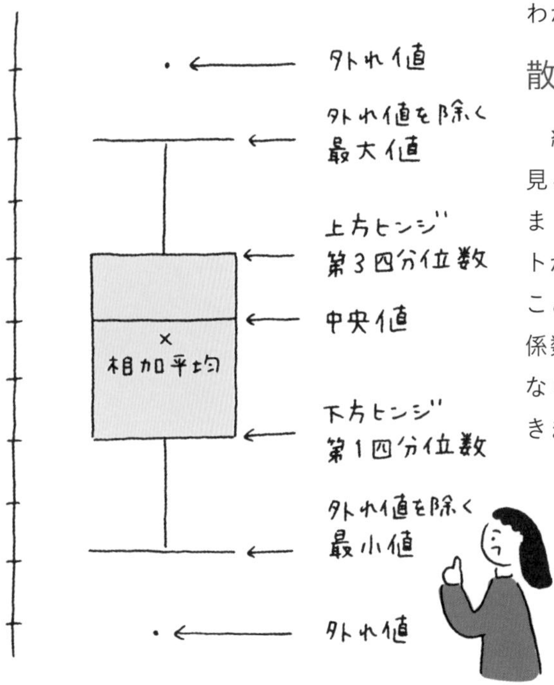

図 4-5 は、「人口」と「1 人当たりの雇用者報酬」について、それぞれ 2007 年と 2017 年を比較するため、B さんが作成した箱ひげ図です。

これらの箱ひげ図から、「人口」については、「東京都」以外にも外れ値に相当する地域（神奈川県や大阪府など）がいくつかあることがわかります。一方、「1 人当たりの雇用者報酬」では、「東京都」だけが外れ値であることがわかります。

散布図で 2 変数の関係をつかむ

続いて B さんは、これら 2 変数の関係を見るため、図 4-6 のような散布図を作成しました。この散布図を見ると、データポイントがゆるやかに右上がりの傾向を示していることがわかりますね。実際、B さんは、相関係数も計算しましたが、その結果は 0.73 となり、強い正の相関関係があることを確認できました。

1 変数の特徴と 2 変数の相関関係を確認した B さんは、いよいよクラスター分析に取り組みます。

▼図 4-5　「人口」と「1 人当たりの雇用者報酬」の箱ひげ図

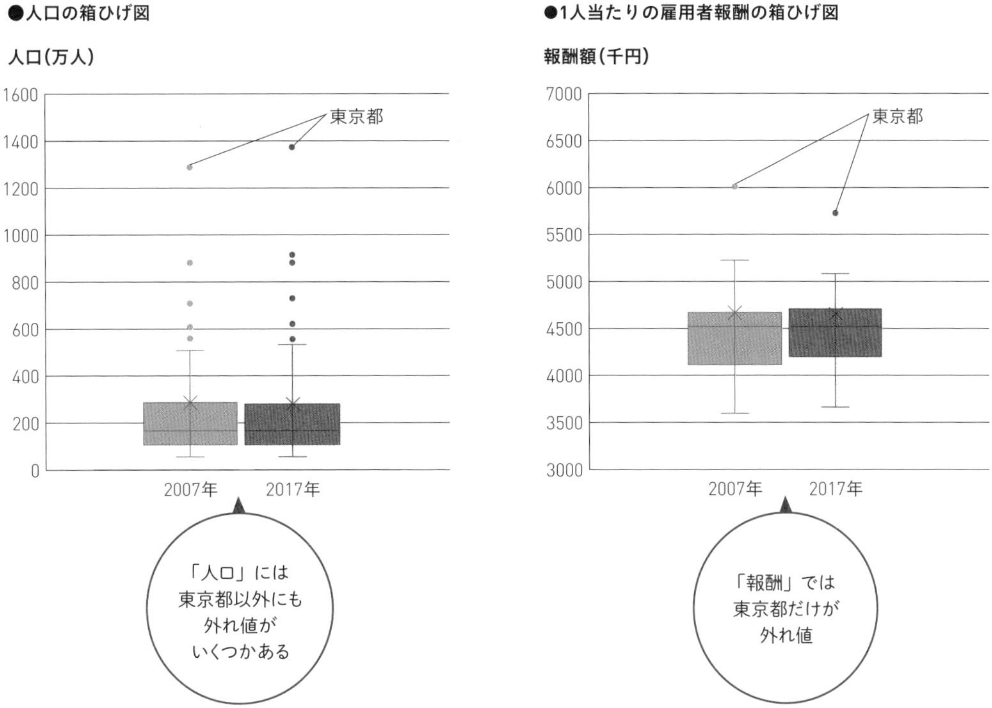

▼図 4-6　「人口」と「1人当たりの雇用者報酬」の散布図

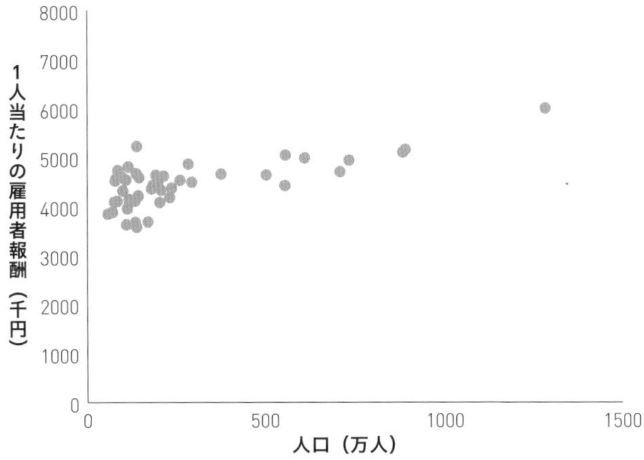

▼図 4-7　クラスター分析のデンドログラム

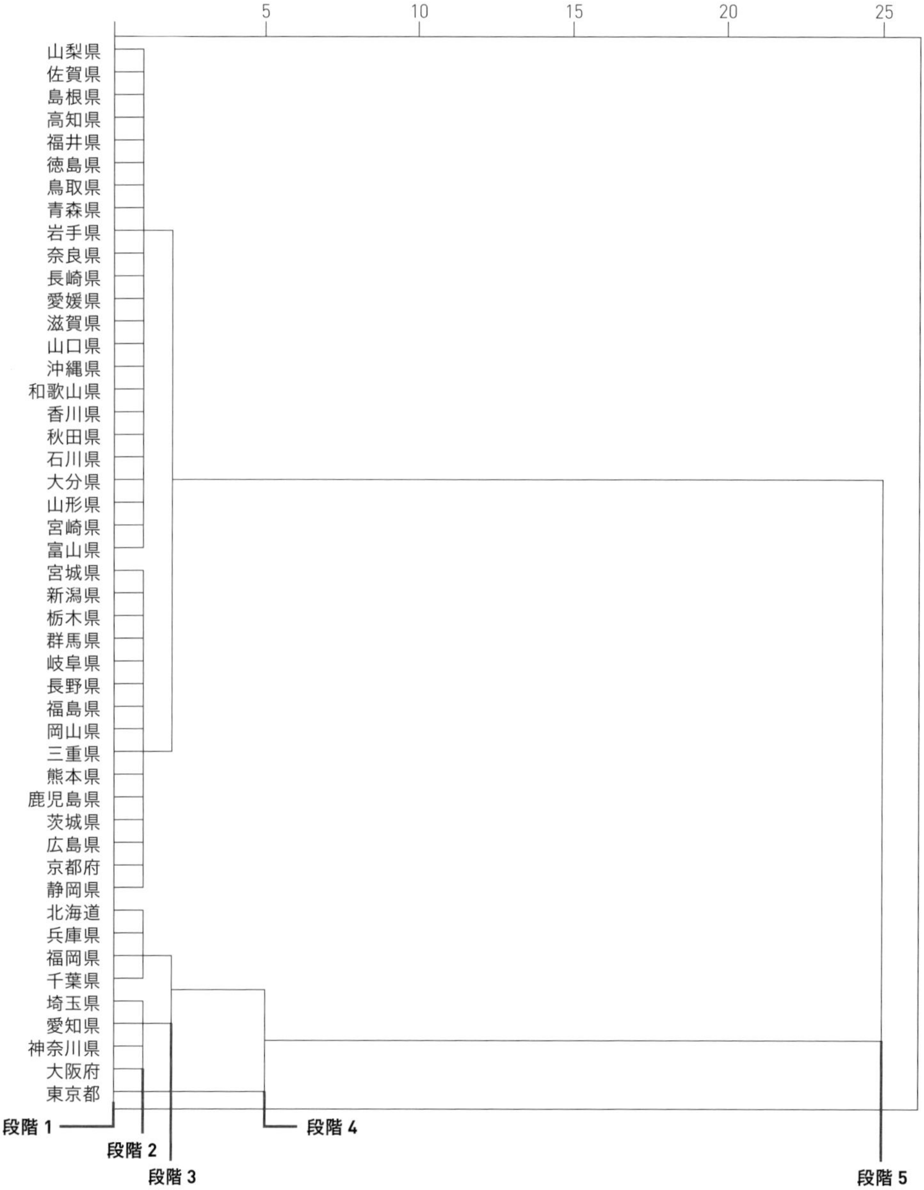

デンドログラムで分類する

図4-7は、各階層の分類結果を、デンドログラム（樹形図）というグラフで示した結果です。この図は、左から順に分類の段階を示しています。

分類の「段階1」は、すべてのデータポイントの数を起点とするので、クラスター数は「47」になります。

「段階2」では、47のクラスターを、5つのクラスターに分類できたことを示しています。クラスターAは「山梨、佐賀、島根、高知、福井、徳島、鳥取、青森、岩手、奈良、長崎、愛媛、滋賀、山口、沖縄、和歌山、香川、秋田、石川、大分、山形、宮崎、富山」、クラスターBは「宮城、新潟、栃木、群馬、岐阜、長野、福島、岡山、三重、熊本、鹿児島、茨城、広島、京都、静岡」、クラスターCは「北海道、兵庫、福岡、千葉」、クラスターDは「埼玉、愛知、神奈川、大阪」、そしてクラスターEは単独で「東京」です。この結果を見ると、クラスターAからEにかけて、比較的人口規模が大きい（ということは所得水準も高い）クラスターに分類できるようですね。

「段階3」では、クラスターAとクラスターBを合併して1つのクラスターFを、クラスターCとクラスターDを合併して1つのクラスターGを形成しています。このようにして、最後の「段階5」では、47のクラスターから始まった分析が1つのクラスターで終わることになります。

以上の結果と図4-6の散布図を重ね合わせると、「段階3」の3つのクラスターが最適な分類であると推定されます。つまり、クラスターEの「東京」、クラスターGの「大都市を抱える道府県」、クラスターFの「それ以外の府県」です。図4-8は、図4-6の散布図に、このようなクラスター分析の結果を反映させたものです。

▼図4-8　クラスター分析の結果を図4-6の散布図に反映して分類

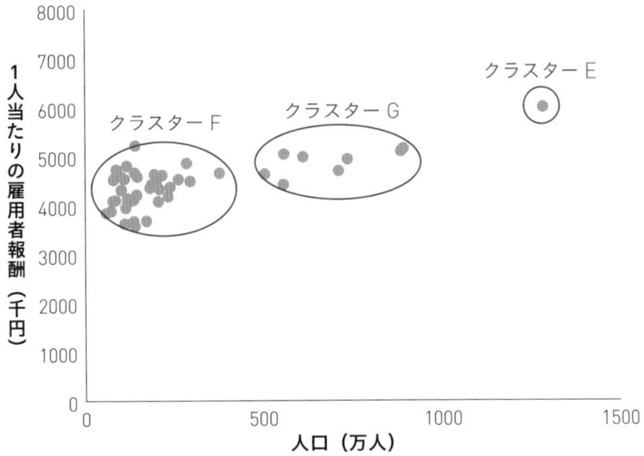

複数の変数を合成する

主成分分析で分類する

**大学生のＢさんは、引き続きゼミで地域研究を行っています。
都道府県をデータポイントの近さから直接分類するだけではなく、
地域の特徴を示す１つの尺度（モノサシ）を作り、
この尺度を用いて間接的に分類しようと試みました。**

1　主成分分析の考え方──類似したデータポイントを間接的に分類する

クラスター分析は、データポイント間の「近さ」を直接計測することによって、似た者同士の分類を行う手法でした。

複数の変数から新しい尺度（変数）を合成

これに対して、主成分分析は、複数の変数から、新しい尺度（モノサシ）を持つ１つの変数（もしくは２つか３つといった比較的少数の変数）を合成し、新たな変数の尺度でデータポイントを計測し直すことによって、間接的に似た者同士を分類する手法です。

多くの変数を少ない新変数にまとめることから、次元（変数）削減の手法であるとも言えます。

図4-9は、２つの変数の散布図、つまり２次元のデータポイントの分布を示したものです（具体的な事例は後述するので、ここでは２つの変数の意味は問いません）。図4-9-1を見ると、データポイントを囲んだ楕円が右下がりになっているので、２変数間にマイナスの相関関係があることがわかりますね。

このような場合、クラスター分析を使ってクラスターを分類すると、図4-9-2のように、一方の変数の数値が大きく他方の変数の数値が小さい「クラスターA」と「クラスターC」、どちらもほぼ同じ程度の大きさである「クラスターB」の３つに分類するのが適当だという結果が得られるでしょう。

一方、主成分分析を使う場合は、１つまたは２つの新しい変数を合成し、新変数の尺度を用いて図4-9-3のようにデータポイントを計り直し、それらの数値に基づいて、データポイントを間接的に分類することになります。

なお、合成された新変数を主成分と呼びますが、この主成分の数は、もともとデータとして使用した変数の数を上限とするので、図4-9の事例では最大２つの主成分を求めることができます。

▼図 4-9　2 次元のデータポイントを分類する

4-9-1 元の散布図

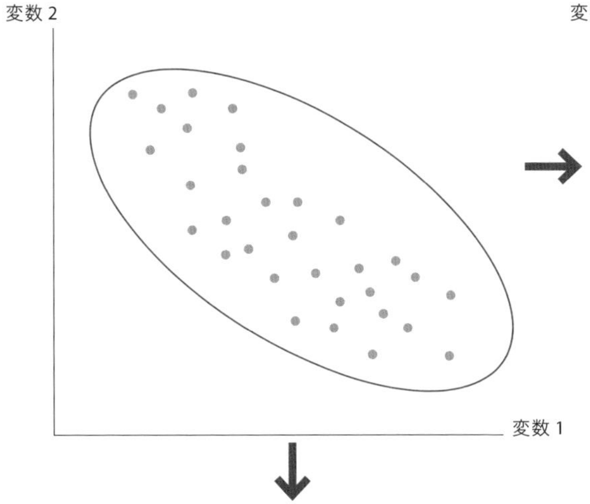

4-9-2 クラスター分析

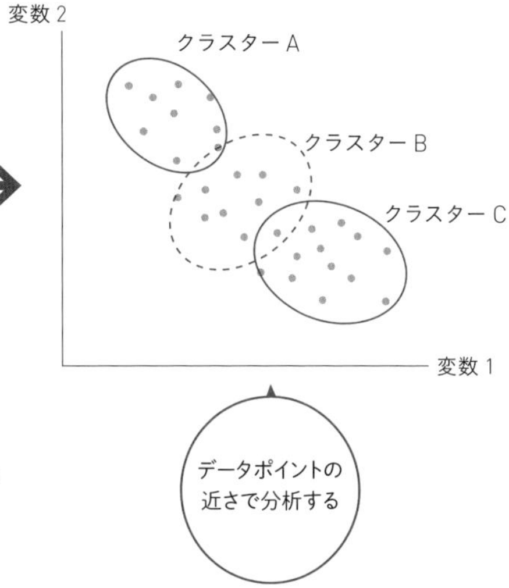

4-9-3 主成分分析

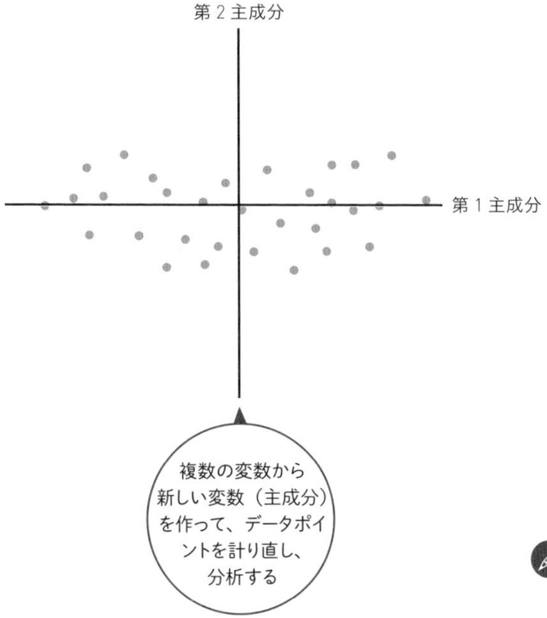

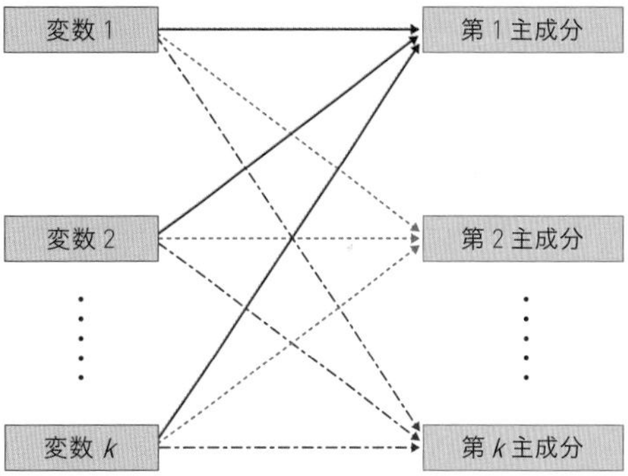

主成分…複数の変数から合成された新しい変数。元の変数の数だけ作成できる。重要度に応じて、第 1 主成分、第 2 主成分という順番になる。

次元（変数）削減…多くの変数を少ない変数にまとめること。

図 4-10 は、図 4-9 の散布図から主成分という新しい尺度をどのように作るのか、その考え方を示したものです。これらの図に対応しながら、①～④で主成分作成の各ステップを見ていきましょう。

▼図 4-10　散布図から主成分による合成変数を作り、データを計り直す

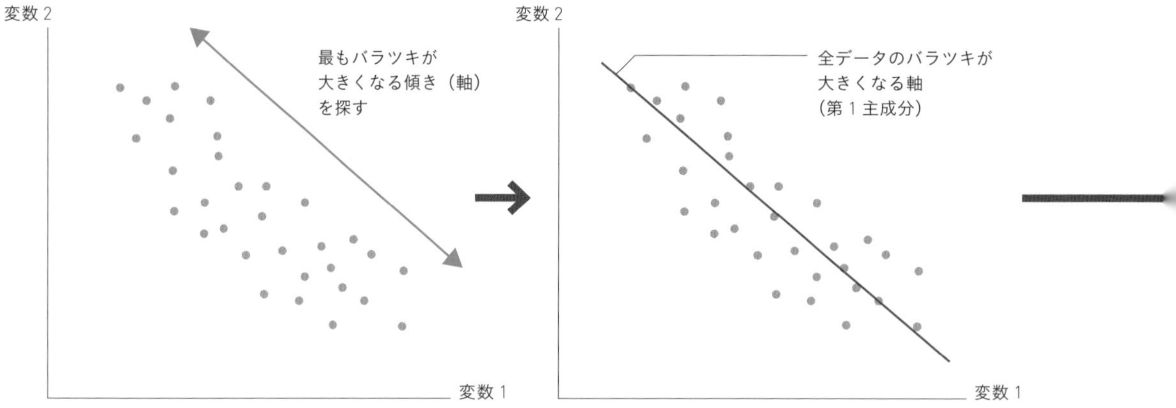

①元の散布図から、全データポイントのバラツキが一番大きくなる傾き（軸）を探します。

②上図のように、全データポイントのバラツキが一番大きくなる傾きで線を引きます。これが主成分の尺度を示す新しい軸で、第 1 主成分です。

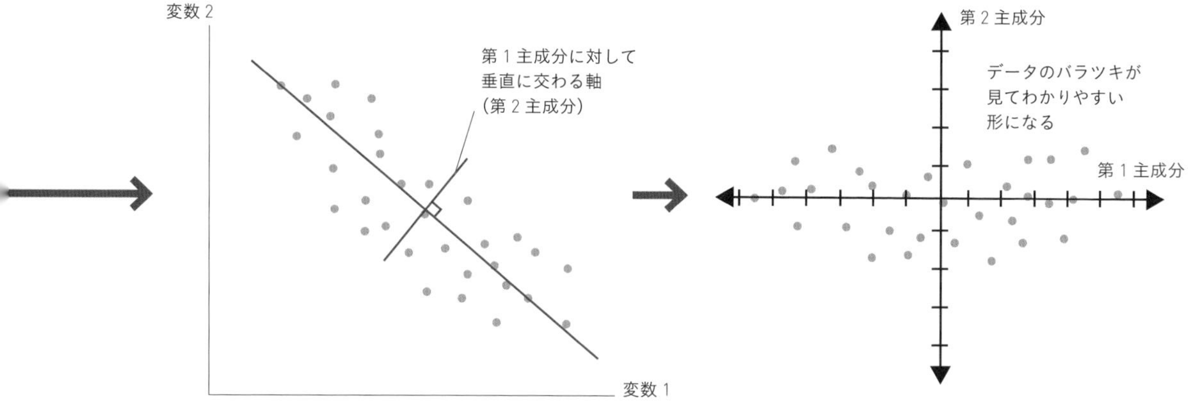

③第 1 主成分の軸に対して、垂直に交わる（直交する）軸を求めます。これが第 2 主成分です。変数が 2 つの場合、主成分の軸は 2 本求めることができますが、この 2 つの軸は直交します。なお、この図からも明らかなように、第 1 主成分を軸としたデータの広がり（バラツキ）は、第 2 主成分を軸とした広がりよりも大きいことが確認できますね。

④こうして求めた 2 つの軸（主成分）を座標軸として、グラフを回転した散布図です。データポイントのバラツキ具合がわかりやすい形になりました。

　具体的な計算方法は省略しますが、第 1 主成分と第 2 主成分という新しい軸を求めることで、データポイントの大きさを示す新たな目盛が軸に与えられます。それによって、第 1 主成分と第 2 主成分という新しい尺度による新変数が合成されたことになるわけです。

▼図 4-11　主成分の順番の意味

4-11-1 第 1 主成分の構成比が大きい例

4-11-2 第 1 主成分と第 2 主成分の構成比があまり違わない例

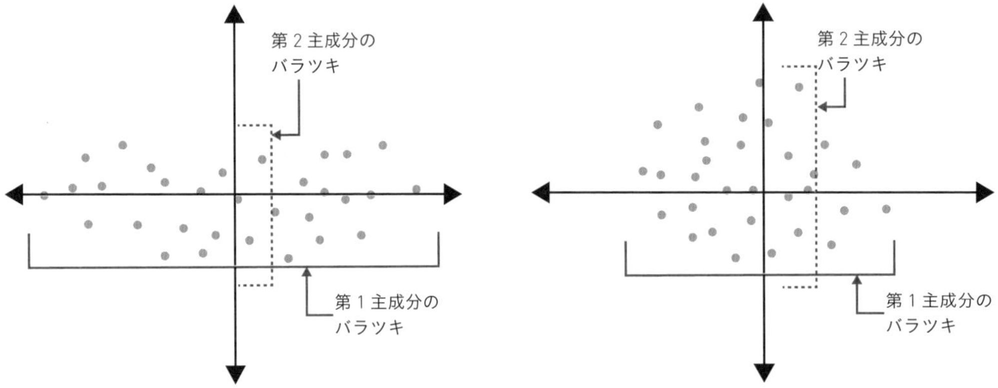

■ **主成分は、重要度に応じて順番がある**

主成分分析では、使用した変数の数まで主成分を求めることができます。注意しておきたいのは、主成分の重要度に応じて、第 1 主成分、第 2 主成分という順番があるということです。

図 4-11 は、主成分の順番の意味を図示したものです。このうち、図 4-11-1 は、相関の強い 2 変数を用いたときの第 1 主成分と第 2 主成分のバラツキを示したものです。第 1 主成分では、左右に大きくデータポイントが分布しているため、バラツキ（分散）も大きくなります。逆に第 2 主成分は、上下に小さくデータポイントが分布しているため、バラツキ（分散）も小さくなります。

主成分の順番は、データの分散の大きさに対応していますが、それはバラツキの大きさがデータに含まれる情報の大きさを意味するからです。

主成分分析では、計算の過程で、データを標準化しているので、それぞれの主成分の分散の大きさを直接比較することができます。従って、主成分の分散が大きい順に、第 1 主成分、第 2 主成分となりますが、つまりそれは、含まれている情報の大きさ順でもあるわけですね。

■ **分散の構成比（寄与率）を求めると……**

主成分は、変数の数だけ求めることができること、求めた各主成分の情報の大きさは分散の大きさで評価できること、これら 2 つから、各主成分の分散の構成比（寄与率）を求めることが可能となります。

図 4-12 は、主成分の構成比の求め方を示

▼図 4-12　分散の構成比

$$\underset{\text{（寄与率）}}{\text{分散の構成比（\%）}} = \frac{\text{各主成分の分散}}{\text{全主成分の分散}} \times 100$$

分散の構成比（寄与率）…全体のデータのバラツキ（総分散）をどれだけその主成分が説明できているかを表す。

したものですが、たとえば、図4-11-1の場合、明らかに第１主成分のバラツキが第２主成分のバラツキに比べて大きいので、第１主成分の構成比が80％だったとすると、第２主成分の構成比は20％になります。

一方、図4-11-2の場合は、もともと２変数間の相関が無相関に近かったため、分散の構成比が、第１主成分と第２主成分では、それほど異なっていません。たとえば、この場合、第１主成分の構成比が55％とすると、第２主成分の構成比は45％になりますね。

もともとの変数間に強い相関があると、第１主成分の構成比は、非常に大きくなります。図4-11-1の構成比は、80％を想定しましたが、それは、変数間に強い相関があることを示唆しています。また、２変数のデータに含まれていた情報を第１主成分という新しい１つの変数で80％説明できることも意味します。従って、第２主成分の情報を考慮しなくても、ある程度２変数の情報を説明できることから、第１主成分だけで分析を進めていくことも可能です。

この場合のように、２変数の情報を新しい第１主成分という１つの情報にある程度要約できれば、、２つの変数を１つの変数に削減できたことになるので、主成分分析は次元（変数）削減の方法であるとも言えるわけですね。

次元削減の明確な基準となる構成比の数値はありませんが、図4-11-2の場合は、第１主成分と第２主成分の構成比に大きな差がないので、第２主成分を削減することが難しいことは明らかです。

2　主成分分析で分類する——都道府県の住みやすさの指標（合成変数）を作る

大学生のAさんは、ゼミで行っている地域研究の続きとして、各都道府県における犯罪の発生率と検挙率から、安心して住みやすい地域とそうでない地域を分類しようと考えました。

犯罪発生率と検挙率から主成分を作成する

そこで、ある年の都道府県別犯罪発生率(人口10万人当たりの犯罪発生率)と犯罪検挙率(認知犯罪件数に占める検挙件数の検挙率)のデータを収集し、これら2変数の散布図を確認してみました。

図4-13は、「発生率」と「検挙率」の散布図を示していますが、全体としてデータポイントの傾向は右下がりであることがわかります。実際、相関係数を計算してみると－0.47となり、マイナスの相関が確認できました。

▼図4-13　発生率と検挙率の散布図

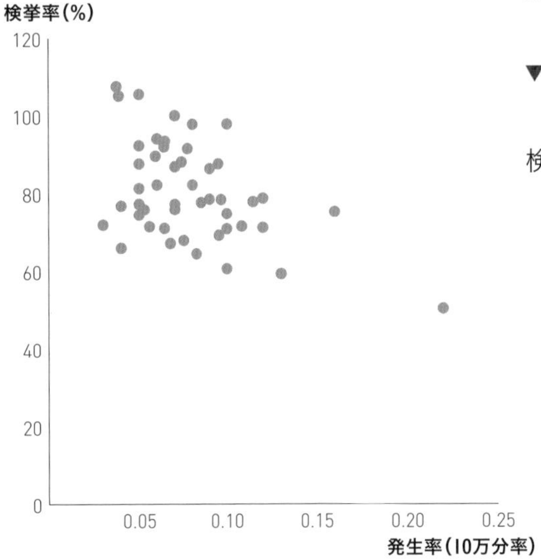

Bさんが分析に使用したのは、警察庁が公表している「犯罪件数」と「検挙率」のデータと、総務省が公表している「人口」データです。

なお、注意しておきたいのは、検挙率が都道府県によっては100%を超えているという点です。比率という性格上、明らかにこれは矛盾しており、データクレンジングの対象になりえますが、そのようなことが生じるのは、検挙率に使用する犯罪検挙件数と認知件数の意味に違いがあるからです。

▼図4-14　検挙率の定義

$$\text{検挙率(\%)} = \frac{\text{検挙件数}}{\text{認知件数}} \times 100$$

図 4-14 で示されているように、警察庁が公表している犯罪検挙率は、分子が「犯罪検挙件数」、分母が「犯罪認知件数」となっています。

問題は、分母の「認知件数」で、これは、警察が事件の通報を受けて認知し、「被害届」を受理したものに限られます。従って、たとえば未発覚の過去の事件で、認知件数にカウントされていなくても、新たに事件が発覚して犯人が検挙されれば、新規の検挙件数としてカウントされることがあります。このようなことが積み重なって、100％を超える地域が出てくることになるわけです。言い方を変えれば、分子が分母の部分集合になっていないということです。

そのようなデータの問題はあるのですが、「検挙率」はある程度、事件解決の結果を反映していると考えられるため、B さんは、引き続き、この変数を使用して主成分分析を行いました。

図 4-15 は、B さんが行った主成分分析の計算結果をまとめたものです。これを見ると、第 1 主成分の分散の構成比が 73.48％となっていることから、「発生率」と「検挙率」の 2 つの変数は、第 1 主成分の新変数に置き換えてもよさそうです。

▼図 4-15　検挙率の定義

変数	分散の構成比 %	累積構成比 %
第 1 主成分	73.48	73.48
第 2 主成分	26.52	100

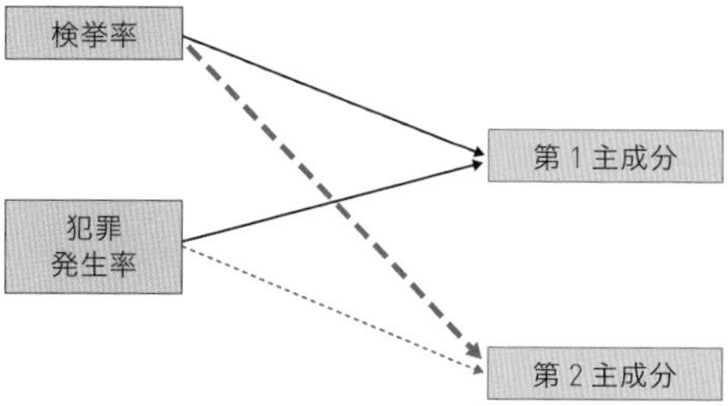

主成分に意味付けをする

Bさんのような分析結果が得られた場合、重要なポイントとなるのは、新変数に当たる主成分の意味付け（ネーミング）です。

図4-13を見てわかるように、「発生率」と「検挙率」にマイナスの相関があることから、Bさんは、「発生率」が低く「検挙率」の高い地域と、「発生率」が高く「検挙率」が低い地域に分類することができると考え、新たに合成した新変数（第1主成分）を「住みやすさ（治安のよさ）」を表す変数とすることにしました。

この分析結果から、どこの都道府県が住みやすい地域なのかを特定するには、図4-16にある主成分の得点係数を利用します。これは、合成した新変数（主成分）に対する、合成に使用した変数（この事例では犯罪の「発生率」と「検挙率」）の影響の大きさを示す係数で、主成分分析の計算過程で求めること

▼図4-16　主成分分析の計算結果と得点係数

変数	主成分の得点係数	
	発生率	検挙率
第1主成分	-0.58	0.58
第2主成分	0.97	0.97

主成分の得点係数…合成変数（主成分）を作成するのに使用した変数の影響の大きさを示す係数。

ができます。

この得点係数を活用して、各都道府県の第1主成分のスコア（得点）を求め、その数値から住みやすさの「大きさ」を評価することができるわけです。具体的には、図4-17に示されている式に基づいて各地域のスコアを計算します。

このような計算によって、Bさんが各都道府県のスコアを求めた結果、最も「住みやすい」都道府県は「秋田県」となり、以下「大分県」、「山口県」、「青森県」、「福井県」が続き、これらの県が「住みやすさ」ベスト5ということになりました。

■ 主成分分析から作られる新しい「指標」

主成分分析は、多くの変数から1つの合成変数を作成し、「住みやすさ」のような新しい指標を作成するときにもよく活用される手法です。マスコミなどでも取り上げられる都道府県別の「豊かさ指標」や「魅力度指標」も、主成分分析によって作成されていることが多いようです。

ただし、このような指標は、分析に使用する変数によって結果が大きく異なることに注意しましょう。逆に言うと、「〇〇指標」と呼ばれるものには、どのような変数が使用されているのか、またそれらが、「〇〇」と呼ばれるに相応しい変数なのかということに注意すべきだということです。

▼図 4-17　第 1 主成分のスコアの計算方法

第 1 主成分のスコア ＝ 発生率の第 1 主成分得点係数 × 発生率（標準化された数値） ＋ 検挙率の第 1 主成分得点係数 × 検挙率（標準化された数値）

・秋田県の第 1 主成分スコア

$$\text{秋田県} = -0.58 \times (\underline{-1.14}) + 0.58 \times \underline{2.12} = 1.89$$

−1.14 → **標準化発生率**
2.12 → **標準化検挙率**

※ なお、標準化発生率と標準化検挙率の計算方法は、付録でダウンロードできる PDF ファイルを参照してください。

column

標準化

データの標準化とは、データの偏差値化のことで、標準化された各データを Z とすると、次の式のように計算します。

$$Z = \frac{\text{個別のデータ} - \text{相加平均}}{\text{標準偏差}}$$

標準化は、平均や標準偏差の異なる変数や、測定単位の異なる変数のデータを比較するときに用います。たとえば、クラスで数学と政治経済の試験を行ったところ、X さんの成績は、数学が 60 点で政治経済が 80 点だったとしましょう。どちらも 100 点満点のテストであるため、X さんは数学よりも政治経済のほうがよくできていたと言えるでしょうか。

一見すると、そのような判断は正しいように思えますが、クラスの平均点が、数学は 40 点、政治経済は 90 点だったとすれば、この判断が不適切であることは明らかです。こうした比較の場合、データを標準化すると比較が可能となります。

4-3

質的データを分類する

数量化III類で分類する

引き続き地域研究を行っている大学生のＢさんは、
自分が住んでいるＸ県で政治意識や政策の指向に地域差があることを
新聞記事で知り、この点を検証しようとしました。

1　数量化III類の考え方──類似した質的データを間接的に分類する

前節で取り上げたクラスター分析や主成分分析は、量的データに用いるデータ解析の方法でした。では、質的データの場合にはどうしたらよいでしょうか。当然、そのような疑問を持った人は多いと思います。そもそも、質的データにおける「似た者同士」とは何を意味するのか、このような疑問を持った人もいることでしょう。

質的データは、データの数値が名義的で「大きさ」や「量」を示すものではないため、クラスター分析のように、データポイント間の距離を直接測る手法を使うのは適切ではありません。

そこで、質的データの分類によく用いられるのが、数量化III類やコレスポンデンス分析と呼ばれる間接分類の手法です。どちらも、数学的にはほぼ同じものなので、ここでは数量化III類を取り上げます。

複数の変数から新たな変数を作成して分類

数量化III類とは、簡単に言うと質的データの主成分分析です。従って、主成分分析と同じ目的を持っています。つまり、複数の変数から新たな変数を作成して、それによってデータポイントを間接的に分類する、という

目的です。数量化Ⅲ類が主成分分析と異なるのは、もともと「量的な尺度を持たない」複数のカテゴリー変数を、「量的な尺度を持つ」変数に再構成する点で、それが「数量化」と呼ばれる所以です。なお、数量化の方法は、一般に、Ⅰ類からⅣ類の方法が知られていますが、主成分分析に相当するのはここで取り上げる数量化Ⅲ類です。

いま、8人の対象者に、YesかNoかを問うQ1からQ5の5つの質問をすることとします（具体的な事例は後述するので、ここでは変数の意味は問いません）。

その結果、標本の大きさが8で、5つの2値カテゴリー変数（Yes = 1、No = 0）からなるデータセットが得られます（このような変数をダミー変数と呼ぶことがあります）。

得られた仮想的なデータセットは、図4-18に示されています。一見すると、このデータにおける1と0のデータポイントは、無秩序に分布しているように見えますが、図4-19（次ページ）のように並べ替えると、そこには、同一の回答パターンを示すグループが4つあることがわかります。

▼図4-18　8人の対象者に5つの質問をしてみた

回答者No.	Q1	Q2	Q3	Q4	Q5
1	0	0	1	1	0
2	0	1	0	0	1
3	1	0	0	1	0
4	1	1	0	0	0
5	1	0	0	1	0
6	1	1	0	0	0
7	0	0	1	1	0
8	0	1	0	0	1

▼図 4-19　5 つのカテゴリー変数の質的データ

回答者 No.	Q1	Q2	Q3	Q4	Q5
1	0	0	1	1	0
2	0	1	0	0	1
3	1	0	0	1	0
4	1	1	0	0	0
5	1	0	0	1	0
6	1	1	0	0	0
7	0	0	1	1	0
8	0	1	0	0	1

回答者 No.	Q3	Q4	Q1	Q2	Q5
1	1	1	0	0	0
7	1	1	0	0	0
3	0	1	1	0	0
5	0	1	1	0	0
4	0	0	1	1	0
6	0	0	1	1	0
2	0	0	0	1	1
8	0	0	0	1	1

回答者 No.1 と 7(Q3 と Q4)、No.3 と 5(Q4 と Q1)、No.4 と 6（Q1 と Q2)、No.2 と No.8（Q2 と Q5）ですね。

図 4-19 のように並べ替えると、回答者の No.1 と 7 は、回答者 No.3 と 5、回答者 No.4 と 6、回答者 No.2 と 8 へと進むにつれて、位置が次第に遠くなっていることがわかります。同様に、カテゴリー変数も、Q3 から、Q4、Q1、Q2、Q5 へと進むにつれて、位置が遠くなっています。つまり、並べ替えによって、回答者と同時に変数についても、「似た回答パターン」を分類することができるようになるわけです。

このような考え方に基づいて、カテゴリー変数間や回答者間の「遠近」を把握するため、適当な数値を与える手法が数量化Ⅲ類です。

▼図 4-20　仮想的にスコアを与えた事例

質問番号（カテゴリー変数）にスコア（数値）をつける
→カテゴリースコア

回答者 No.	カテゴリー変数	Q3	Q4	Q1	Q2	Q5
	標本スコア ＼ カテゴリースコア	1	2	3	4	5
1	3	1	2			
7	3	1	2			
3	5		2	3		
5	5		2	3		
4	7			3	4	
6	7			3	4	
2	9				4	5
8	9				4	5

回答者（標本）にスコア（数値）をつける
→標本スコア

■ カテゴリースコアと標本スコアで分類

数量化Ⅲ類では、各カテゴリー変数に与えられる数値をカテゴリースコア、回答者に与えられる数値を標本スコアと呼びます。

両スコアは、似たような回答パターンを示す回答者やカテゴリーには、近似した数値を与え、回答パターンが異なっていくに従って、回答者やカテゴリーに隔たった数値を与えることで、図 4-19 のような並べ替えの意味を具体化させます。

図 4-20 は、図 4-19 のデータに対して、数量化Ⅲ類の考え方に基づき、仮想的な数値をカテゴリーと標本に割り当てた事例を示しています。Q3 から Q5 に進むにつれて、数値が大きくなるよう図 4-20 のように割り当てるとすると、各設問で「1」と回答した場合、該当するカテゴリースコアが与えられ、その合計が標本スコアとして求められます（なお、実際の標本スコアは、該当するカテゴリースコアの単純な合計ではないので注意してくだ

さい)。

このようにしてスコアが付与されると、たとえば、標本スコアから似た者同士を分類できますね。つまり、標本スコアが3のグループ（回答者1と7)、5のグループ（回答者3と5)、7のグループ（回答者4と6)、9のグループ（回答者2と8）です。

なお、ここでは、カテゴリースコアも標本スコアも離散値（整数）でしたが、基本的には小数を含む連続値になります。

従って、データポイントの分布次第では、カテゴリースコアが、たとえば、Q3=1.1、Q4=1.5、Q1=3.7、Q2=4.0、Q5=7.8のようになると、スコアの近さから、各カテゴリー変数を「Q3とQ4」、「Q1とQ2」、「Q5」の3つのグループに分類することも可能です。

▼図 4-21　標本スコアとカテゴリースコアで分類

・標本スコアで似たもの同士を分類する

・カテゴリースコアで似たもの同士を分類することもできる

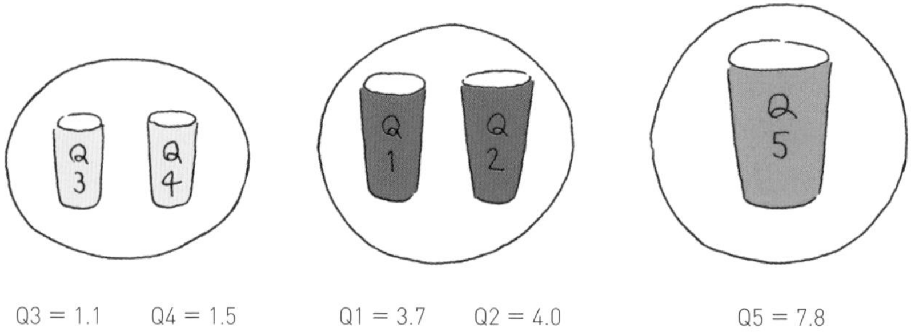

数量化Ⅲ類も、主成分分析と同じく、主成分に相当する量的な尺度（スコア）を求めることができます。ここでは、そのような尺度を、主成分分析の場合と区別する意味で、便宜的に「成分」という用語を使うことにします。

主成分分析の場合と同じく、これらの成分は、使用した変数の数まで求めることができます。つまり、図 4-20 のようなスコアが、異なる数値の組み合わせとして変数の数まで求められるということです。数学的な理由で最初に求められる成分は除外されますが、成分の分散の大きさによって、（最初の成分を除いた）第 1 成分、第 2 成分と続き、各成分の重要度を確認することができます。

また、図 4-22 のように、各成分の分散の構成比（寄与率）を求めることもできます。つまり計算結果の読み方や使い方は、主成分分析の場合とほとんど同じだということです。

▼図 4-22　分散の構成比（寄与率）

$$\underset{\text{(寄与率)}}{\text{分散の構成比(\%)}} = \frac{\text{各成分の分散}}{\text{全成分の分散}} \times 100$$

全体のデータのバラツキ（総分散）をどれだけその成分が説明できているか

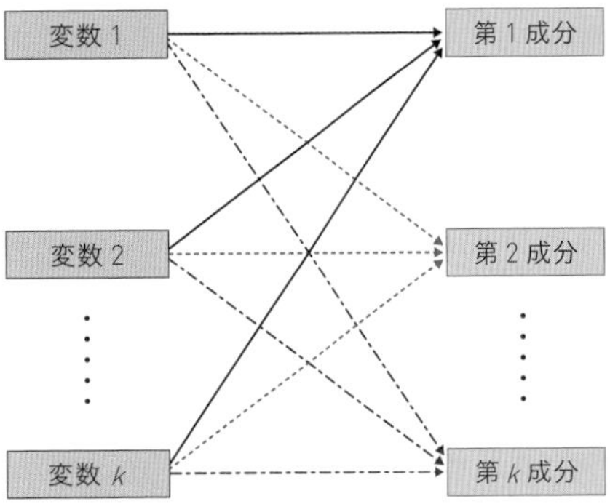

変数の数だけ成分が作成できる

2　数量化Ⅲ類で分類する——政治意識の地域差を分類する

大学生のBさんは、新聞記事で自分の住んでいるX県の政治意識が、東部では保守的、西部では革新的という新聞記事を読んで、政治意識の地域差に関心を持ちました。そこで本格的な調査をする前の予備調査として、X県の西部と東部に住んでいるゼミの友人8人に、図4-23のようなA～Eの地域政策の賛否について調査し、そこから西部と東部の政治意識の違いを分析しようとしました。

カテゴリースコアと標本スコアを求める

図4-24は、この予備調査を行った結果をデータセットにしたものです。数量化Ⅲ類は、このように（0、1）のデータを基本とします。さっそく、Bさんは、このデータセットを数量化Ⅲ類に適用して、カテゴリースコアと標本スコアを求めてみました。

▼図4-23　地域政策に関する意識調査の調査項目

変数	質問内容	Yes	No
A	地域と都市の所得格差を是正する政策を進める必要がある	1	0
B	地域の文化や伝統に根差した都市開発を進める必要がある	1	0
C	労働条件や労働環境の整備を進めていく必要がある	1	0
D	公共の交通機能を充実させる必要がある	1	0
E	農業振興を進めていく必要がある	1	0

▼図4-24　予備調査のデータセット

回答者 No.	居住地域 (1)	居住地域 (2)	A	B	C	D	E
1	東部	農村部	1	0	0	1	1
2	西部	農村部	1	0	1	1	0
3	東部	農村部	0	0	0	1	1
4	西部	都市部	1	0	1	0	0
5	東部	都市部	0	1	0	0	1
6	東部	都市部	0	1	0	1	1
7	西部	農村部	1	0	0	0	1
8	西部	都市部	1	0	1	0	0

図4-25は、各成分の分散の構成比とカテゴリースコアを示しています。この結果から、第2成分までの累積構成比（寄与率）が84.5%となっているので、A〜Eの5つの変数は、第1成分と第2成分の2つの合成変数によって、情報を要約できることがわかります。

図4-26は、図4-25の結果に基づき、第1成分と第2成分について、図4-20のように「1」と回答したデータを並べ替えたものです。

どちらの成分も、カテゴリースコアと標本スコアの小さい順に並べ替えていますが、第2成分の分布に比べて、第1成分の分布のほうが、データポイントのバラツキが小さく、右下がりの関係がより明確に示されていることがわかります。

▼図4-25　分散の構成比とカテゴリースコア

分散の構成比

成分	構成比(%)	累積構成比(%)
1	61.3%	61.3%
2	23.3%	84.5%
3	13.7%	98.3%
4	1.7%	100.0%

カテゴリースコア

変数名	第1成分	第2成分	第3成分	第4成分
A	0.8552	-0.0516	-0.9221	1.1026
B	-1.5632	2.1899	0.6263	0.9319
C	1.4732	0.8790	0.8890	-1.2650
D	-0.3555	-1.2783	1.3428	0.4319
E	-0.8294	-0.3291	-0.9361	-1.0619

▼図4-26　各成分の分布

第1成分の分布

回答者No.	カテゴリー変数	B	E	D	A	C
	カテゴリースコア／標本スコア	-1.56	-0.83	-0.36	0.86	1.47
5	-1.46	1	1			
6	-1.11	1	1	1		
3	-0.72		1	1		
1	-0.13		1	1	1	
7	0.02		1		1	
2	0.80			1	1	1
4	1.42				1	1
8	1.42				1	1

第2成分の分布

回答者No.	カテゴリー変数	D	E	A	C	B
	カテゴリースコア／標本スコア	-1.28	-0.33	-0.05	0.88	2.19
3	-1.59	1	1			
1	-1.09	1	1	1		
7	-0.38		1	1		
2	-0.30	1		1	1	
6	0.38	1	1			1
4	0.82			1	1	
8	0.82			1	1	
5	1.84		1			1

■ 散布図で分類

そこでBさんは、これら2つの成分に着目して、その意味を解釈するため、カテゴリースコアを図4-27のような散布図にしてみました。

図4-27は、第1成分を横軸、第2成分を縦軸として、図4-25のカテゴリースコアを散布図で示したものです。これを見ると、第1成分は、AとCのグループ（プラス）、BとDとEのグループ（マイナス）に分類できそうです（赤い実線の囲み）。

Bさんは、各変数の質問項目（図4-23）を検討した上で、第1成分については、プラスが政治的に革新指向、マイナスが保守指向であると評価しました。数量化によって得られるスコアは、量的な性質を持ちますので、たとえば、この第1成分では、「スコアの数値が大きくなるほど革新指向の強い変数、革新指向の強い回答者」ということになります。

一方、第2成分は、BとCのグループ（プラス）、AとDとEのグループ（マイナス）に分類できそうです（青い点線の囲み）。そこでBさんは、各変数の質問項目（図4-23）だけではなく、図4-24のデータセットの「居住地域（2）」にも着目した上で、第2成分については、プラスが「都市部」でマイナスが「農村部」の地域性を示していると評価しました。

▼図4-27　カテゴリースコアの散布図

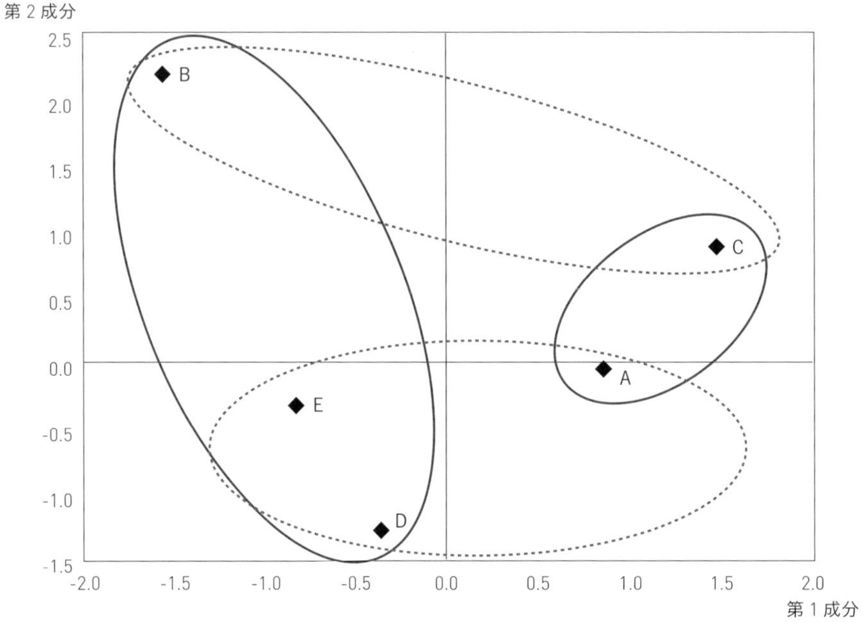

カテゴリースコアから2つの成分の意味付けをしたBさんは、次に、目的であるX県の政治意識に関する地域差を分析するため、8人の回答者に関する標本スコアの散布図を作成しました。それが図4-28です。

この図をデータセット（図4-24）の「居住地（1）」と照合したBさんは、西部に住んでいる友人4名（回答者No.2、4、7、8）は革新指向、東部に住んでいる友人4名（No.1、3、5、6）は保守指向であることを、データから改めて確認できました。また、回答者の居住地が都市部か農村部によっても、政策に対する指向が異なることがわかりました。

このように、数量化Ⅲ類は、主成分分析と同様、多くの変数から少数の合成変数を作成して、間接的にデータポイントの特徴を分類することができます。しかも、カテゴリーの尺度しか持たない変数から、量的な尺度を持つ変数を作成し、定量的に分析できるというメリットもあります。

しかし、これも主成分分析と同じように、分析に使用する変数や質問項目の設定などによって結果が大きく異なることに注意しましょう。とくに、数量化Ⅲ類の場合は、Bさんの予備調査のように、意識調査の質的データ、つまり回答者の「主観」に基づくデータを用いることが多いため、この点はより注意すべきです。

▼図4-28　標本スコアの散布図

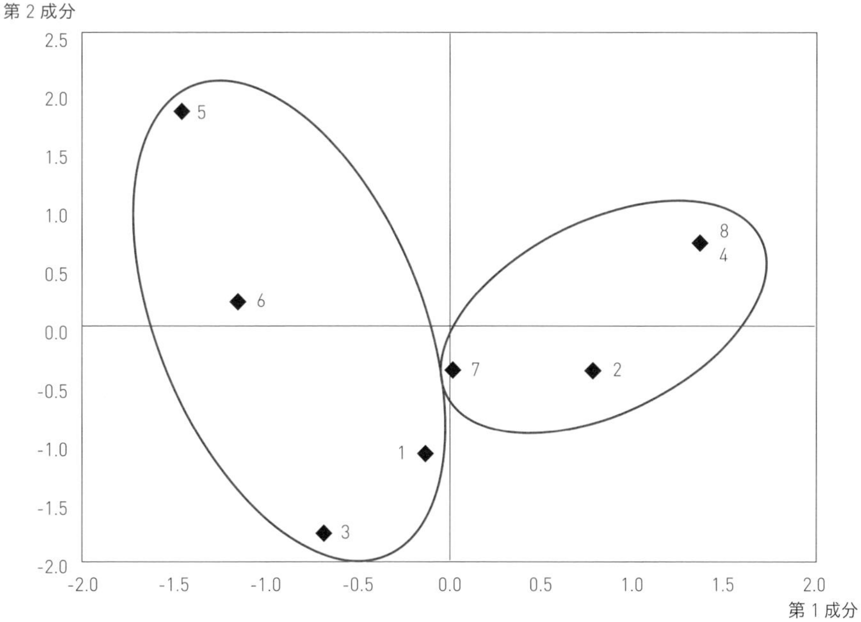

第 5 章

データから予測する

――データ解析の第４工程――

地域の健康問題や公衆衛生の促進に取り組んでいる
保健師の C さんは、担当する地区の住民の生活習慣や
健康状態について調査を行いました。
この調査データに基づいて、血圧の予測に取り組みました。

5-1

データに基づいて予測する

回帰分析で予測する

**データサイエンスでは、分類以上に重要な分析は、
データに基づいて予測を行うことです。
この目的のため、最もよく利用されるのが回帰分析です。
回帰分析では、要因と結果の関係をモデル化してデータ解析を行いますが、
使用するデータは、連続変数や離散変数の量的データを前提とします。**

1　回帰分析の考え方——相関関係のある変数を使って予測を行う

第3章で述べた相関係数について、改めて取り上げてみましょう。これは、2変数の相関関係の強さを見るものでした。相関関係は、図5-1-1の散布図のように、データポイントの分布が右上がりの傾向を示している場合は正の相関、図5-1-2のように右下がりの場合は負の相関と呼びましたね。

つまり、2つの変数について、図5-1-1は、一方の数値が大きければ他方の数値も大きくなる傾向を、図5-1-2は、一方の数値が大きければ他方の数値は小さくなる傾向を示しています。これらの傾向は、分布の形状が直

▼図5-1　相関関係　5-1-1 右上がりの散布図　　5-1-2 右下がりの散布図

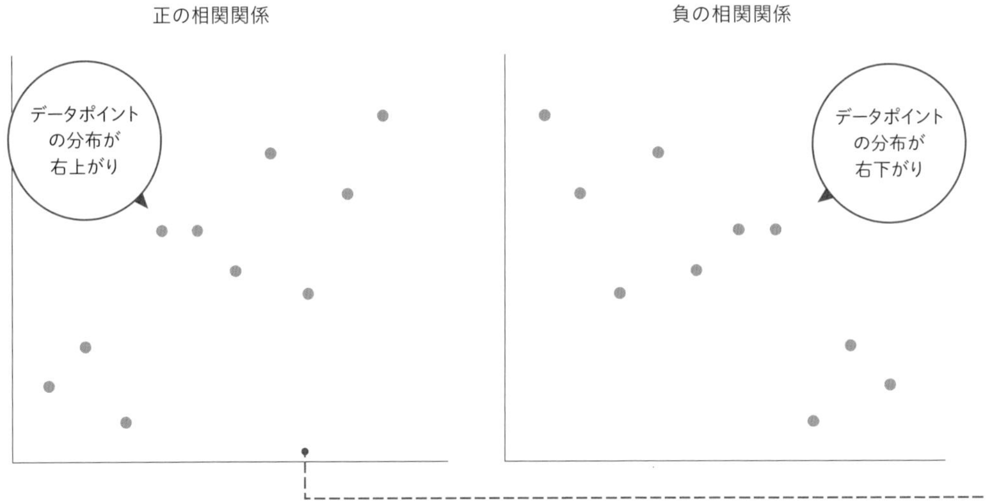

線に近くなるほど相関関係が強くなることを意味し、相関係数の絶対値は1に近づいていきます。

■ **相関関係から予測する**

このような相関関係が変数間に確認できると、一方の変数の数値から、他方の変数の数値を予測することが可能になります。それを行うデータ解析の方法が回帰分析です。

たとえば、図5-1-1のような正の相関の場合を考えてみましょう。この場合、データポイントの分布が右上がりの傾向を示していますので、一方の変数の変化量に対して、他方の変数の変化量が、ほぼ一定の割合で対応していることがわかります。もちろん、そのような量的関係は、あくまで「おおよそ」の対応関係であって、1次関数のような厳密な対応関係を示すものではありません。

しかし、そのような対応関係を、1次関数の式で表現できれば、「おおよそ」の予測も可能になります。それを示しているのが図5-2です。

図5-2-1では、正の相関を示すデータポイントの集まりを赤い枠線で囲んでいます。この囲みは、明らかに右上がりの楕円形をしています。つまり、2つの変数間に一定の量的な対応関係があることを示唆しているわけです。そこで、この楕円形を代表する直線、つまり2変数の傾向を代表する直線を、図5-2-2のように引くことができれば予測が可能になります。

▼図5-2　相関関係から回帰式へ

5-2-1 データポイントを線で囲む　　5-2-2 2変数の傾向を示す直線を引く

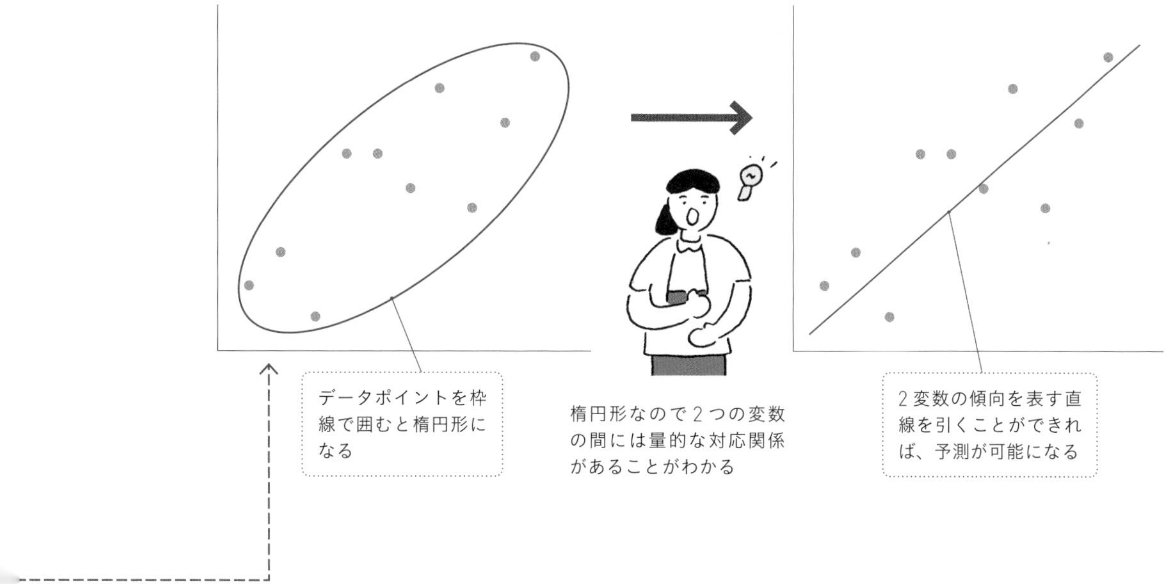

■ 回帰モデル

いま、横軸の変数を X、縦軸の変数を Y とすると、この直線の式は、1 次関数と同じように表すことができます。このような直線の式を、回帰直線、もしくは回帰モデルと呼びます。

ただし、図 5-3 で示しておいたように、得られた直線の方程式は、数学でいう 1 次関数ではないので、それと区別するため、Y 切片に当たる定数を変数 X より前に置いて定数 a（回帰切片）とし、変数 X に係る変化の割合を定数 b（回帰係数）として定式化します。

繰り返しになりますが、回帰分析では、2 つの変数の間に相関関係があることを前提とします。従って、図 5-3 の回帰モデルでは、変数 X と Y に一定の相関関係がなければなりません。

しかし、2 つの変数に相関関係があれば、直ちに回帰分析が可能になるというわけではありません。それには、X と Y の間に、要因と結果という関係を想定できることが必要です。

図 5-3 でも示したように、1 次関数では、変数 X を独立変数、変数 Y を従属変数と呼

▼図 5-3　回帰直線（回帰モデル）

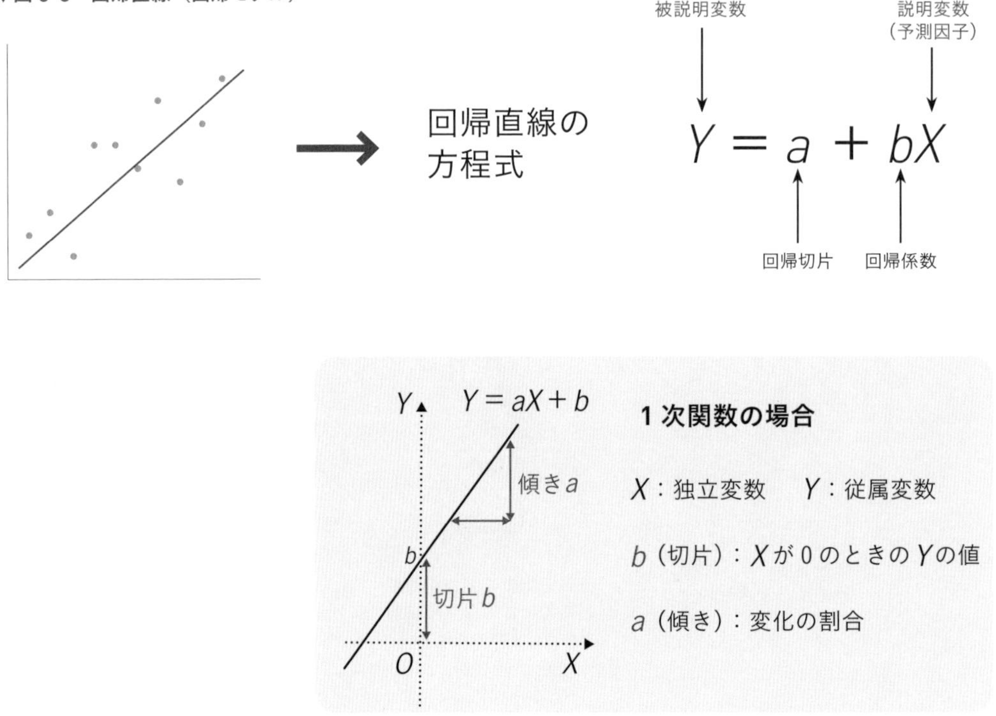

びますが、回帰モデルでは、変数 X を説明変数もしくは予測因子と呼び、変数 Y を被説明変数と呼びます。つまり、変数 Y は、変数 X によって「説明される」という意味で「被説明変数」、変数 X は、変数 Y を「予測する要因」という意味で「予測因子」と呼ばれるわけですね。

このことからもわかるように、たとえば、図5-3の回帰モデルの場合は、変数 X が要因であり、その結果が変数 Y であるという関係を想定しているので、相関があるとはいっても、

$$X = a + bY$$

という回帰直線を想定することはできません。

■ 血圧の例で考えてみると

たとえば、血圧 Y（収縮期血圧）と年齢 X という関係を考えてみましょう。一般に、年齢が高くなるほど血圧が高くなることは、よく知られています。そこで、血圧に影響を与えるその他の要因（喫煙や食生活など）はすべて同一である対象者を何人か選んで、年齢と血圧のデータを集めたところ、確かに正の相関があれば、血圧を年齢で説明する回帰モデル、

$$Y = a + bX$$

を求めることには意味があります。

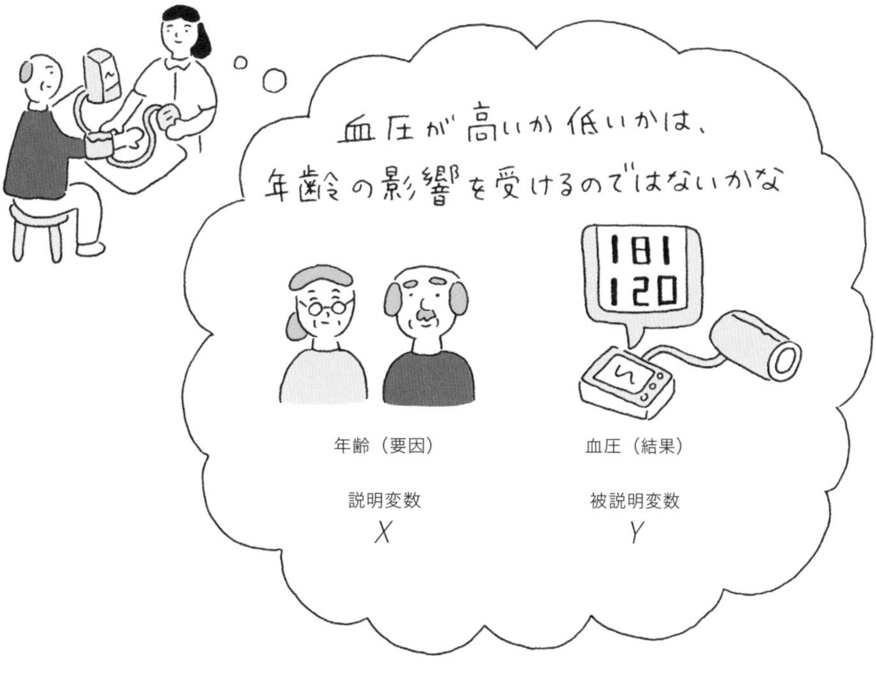

つまり、血圧が高いか低いかは、年齢の影響を受けるという関係を前提とした回帰モデルですね。しかし、これを逆転させた回帰モデル、

$$X = a + bY$$

がまったく無意味だということは明らかです。年齢が高いか低いかは血圧の影響を受けることなどあり得ないので。

■ 回帰係数と回帰切片を推定する

このように、回帰分析に当たっては、まず相関のある変数が、要因と結果として適切に定式化できるかどうかを検討する必要があります。その上で、回帰分析を行うわけですが、具体的には、回帰係数と回帰切片という2つの定数をデータから推定することになります。

それによって、回帰モデルが確定できれば、図5-4のように、任意の変数 X の数値に対応した変数 Y の予測値を求めることができます。血圧（収縮期血圧）と年齢の事例で言うと、集めたデータから推定した結果、回帰係数が0.7と回帰切片が100であったとするならば、たとえば年齢50歳の人のおおよそ血圧は135であると予測できます。

▼図5-4　血圧Yと年齢Xの回帰直線

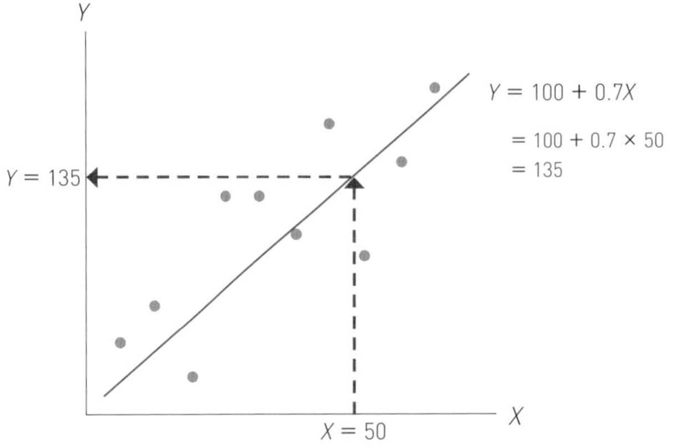

2　回帰分析で予測する——肥満度から血圧の値を予測する

保健師のCさんは、担当する地域住民50人に対して健康調査を行い、集めたデータから、肥満度と血圧（収縮期血圧）の回帰分析を行うこととしました。一般に、肥満は高血圧の原因の1つであるとされているので、Cさんは、まず肥満度と血圧に正の相関関係があるかどうかを確認するため、身長と体重のデータを用いて肥満度の指標であるBMI値を計算し、その数値と血圧の相関関係を調べてみました。

計算の結果、相関係数は0.62となり、やや強い正の相関関係が示され、散布図からも右上がりの関係を確認できました。

▼図5-5　血圧とBMI値の散布図

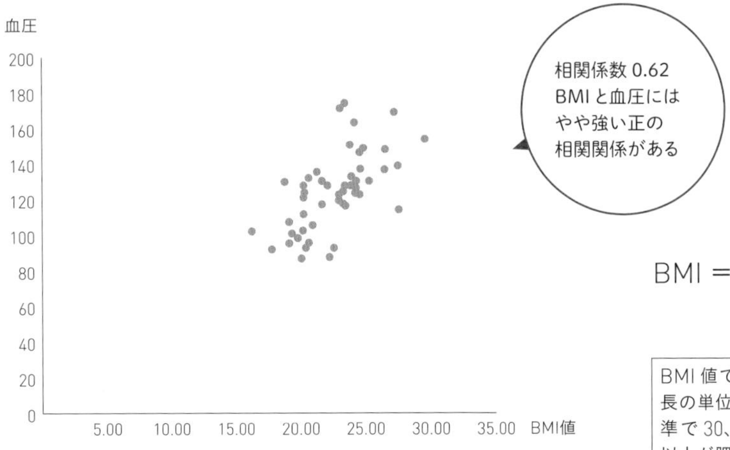

$$\text{BMI} = \frac{\text{体重}}{\text{身長}^2}$$

BMI値では、体重の単位がkg、身長の単位をmとしたとき、WHO基準で30、日本肥満学会基準で25以上が肥満とされる。

■ 最小 2 乗法で回帰係数や回帰切片を推測する

続いて C さんは、目的である肥満と血圧の関係を定式化するため、BMI 値を説明変数 X、血圧を被説明変数 Y として回帰分析を行いました。なお、通常の回帰分析の場合、回帰係数や回帰切片の推定方法には、最小 2 乗法と呼ばれる方法が用いられます。

図 5-6 で示されているように、最小 2 乗法というのは、変数 X のデータポイントを回帰モデルの式に代入して得られる予測値と、変数 Y の実際のデータポイントとの乖離（残差：点線の部分）が最小になるように回帰係数と回帰定数を決定する方法です。

より正確に述べると、乖離の 2 乗の合計が最小になるように推定値を求める方法で、このため「最小 2 乗法」と呼ばれます。

C さんも、最小 2 乗法を用いて、回帰係数と回帰切片を求めています。その結果、得られた推定値は、回帰係数が 4.9、回帰切片が 14.5 となりました。図 5-7 でも示されているように、この結果に基づくと、肥満の基準値である BMI ＝ 25 では、血圧の予測値が 137（=14.5+4.9×25）となり、肥満は高血圧（130 以上）のリスクの 1 つになることがわかりますね。

▼図 5-6　最小 2 乗法の考え方

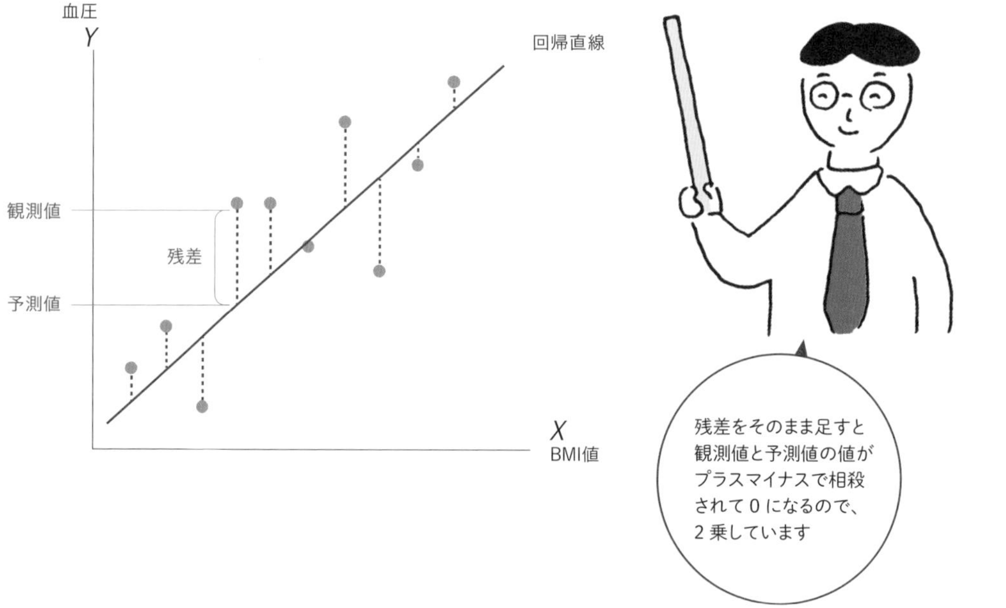

Cさんの回帰分析は、被説明変数に対して1つの説明変数だけで予測を行うものでしたが、説明変数の数はいくつでも増やすことが可能です。

このように、回帰分析はシンプルで汎用性があることから、最も代表的な予測のための手法であり、さまざまな分野で応用されています。しかし問題もあります。

たとえば、「回帰直線から得られる予測値はどの程度信頼できるものなのか（予測の精度）」、「複数の説明変数使った場合、どの変数が本当に被説明変数に対して影響があると言えるのか」などです。これらの問題については、引き続き次節で検討していきましょう。

▼図 5-7　血圧と BMI 値の散布図

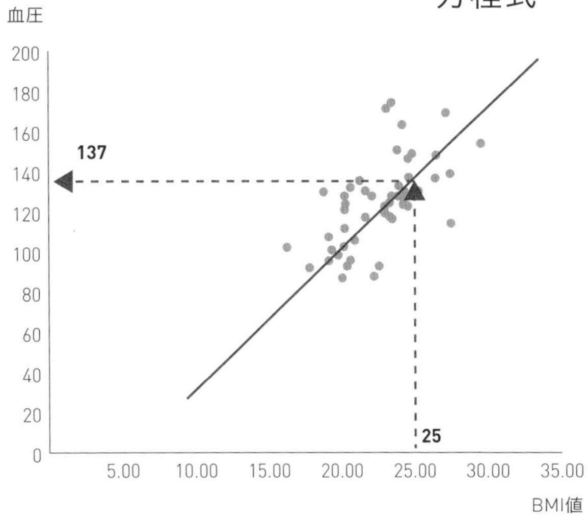

回帰直線の方程式

被説明変数（血圧の予測値）　説明変数（BMI 値）

$$Y = 14.5 + 4.9X$$

回帰切片　回帰係数

$$= 14.5 + 4.9 \times 25$$
$$= 137$$

予測のよさを評価する

重回帰分析と回帰診断

Cさんは、集めた調査データから、肥満と血圧の回帰分析を行いましたが、血圧に影響を与えるほかの要因も検討すべきであると考えました。そこで、肥満以外に動脈硬化の指標も説明変数に加えて、改めて回帰分析を行うこととしました。

1　重回帰分析の考え方――複数の説明変数を要因とする場合に用いる

先ほど見たように、Cさんは、血圧の要因として肥満を考え、BMI値を使って、血圧（収縮期血圧）を予測する回帰分析を行いました。この場合、求められた回帰直線は、被説明変数（血圧）に対して、1つの説明変数（BMI値）が対応しているので、単回帰モデルと呼びます。しかし、Cさんは、複数の要因から血圧の影響を調べる必要があると考え、自分が求めた回帰モデルを拡張しようと検討します。

このような回帰モデルを、重回帰モデルと呼びます。重回帰モデルでは、単回帰モデルの場合と同じく、被説明変数と各説明変数の間に相関関係があること、また各説明変数と被説明変数の間には要因・結果の関係が成立してなければなりません。

▼図 5-8　血圧と年齢の散布図

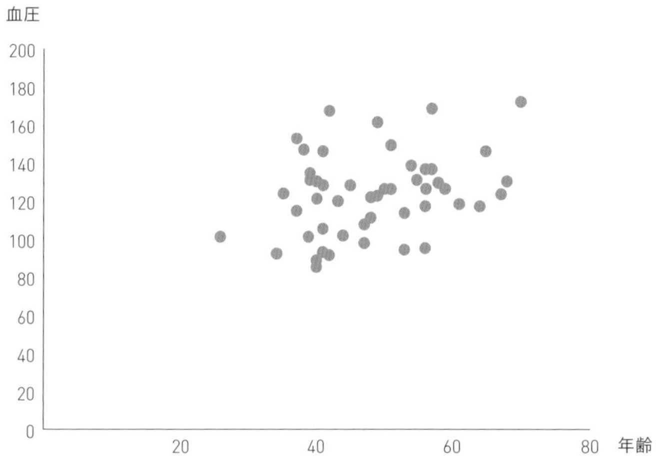

■「年齢」を変数として加えてみる

C さんが、追加の要因としてすぐに思いついたのは「年齢」でした。そこで C さんは、まず、血圧と年齢に相関関係があるかどうか調べることにしました。

図 5-8 は、C さんが調査したデータに基づいて、血圧と年齢の散布図を示したものですが、データのバラツキは、血圧と BMI 値の場合に比べて、やや大きくなっています。実際、C さんが相関係数を求めたところ、0.31 となり、弱い正の相関関係が確認できました。ただし、BMI 値の場合に比べて相関関係は弱く、「肥満」や「食生活の習慣」などその他の要因が影響し、年齢だけで血圧を説明するのは難しいと推察されます。

このような問題がありながらも、C さんは、当初の予定どおり、BMI 値と年齢を説明変数とした重回帰分析を試みることにしました。想定した重回帰モデルは、図 5-9 のようになります。

▼図 5-9　重回帰モデル

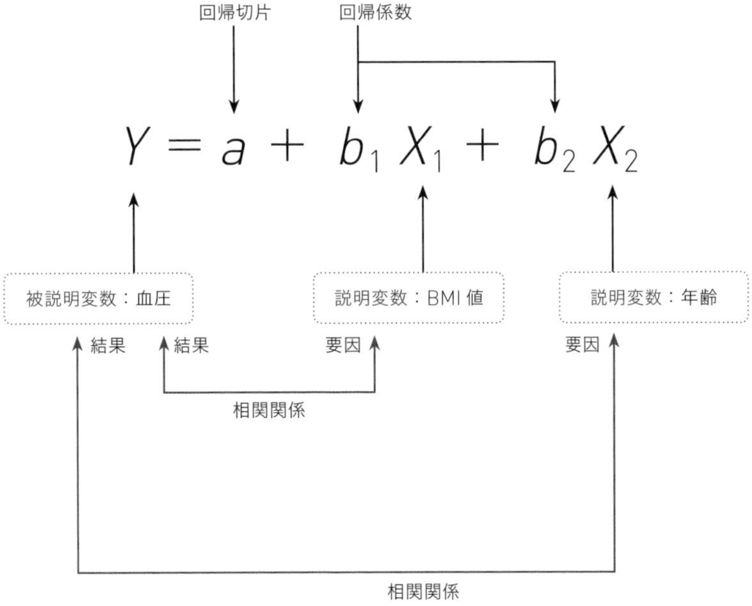

■ Excel の「データ分析」を使う

重回帰モデルで回帰切片や各回帰係数を求めるには、図 5-10 のような Excel のアドインソフト「データ分析」を使うと便利です。この「データ分析」には、「回帰分析」を始め、データサイエンスで使用するデータ解析の方法が多く含まれており、これらの方法を使った計算を簡単に行うことができます。なお、分析ツールの詳しい使い方については、巻末付録を参照してください。

C さんも、この「データ分析」の「回帰分析」を使って、図 5-9 の回帰切片と回帰係数を求めてみました。その結果が図 5-11 です。それによると、たとえば、年齢 60 歳で BMI 値が 30 の人は、

$$-4.5 + 4.6 \times 30 + 0.5 \times 60 = 163.5$$

となり、かなりの高血圧になることが予測されます。

ところで、図 5-10 の［回帰分析］画面では、［残差］の項目に、［残差］、［残差グラフの作成］、［標準化された残差］、［観測値グラフの作成］の 4 つのオプションが用意されています。

このうち、残差に関連するオプションは後述することとして、ここでは［観測値グラフの作成］について簡単に触れておきましょう。これは、各説明変数と被説明変数の散布図を出力するオプションで、両変数に相関関係があるかどうかを視覚的に確認するには便利です。

C さんの試みた重回帰モデルの場合ですと、図 5-5 の血圧と BMI 値、図 5-8 の血圧と年齢の 2 つの散布図が示されます。

▼図 5-10　Excel のアドインソフト「データ分析」の画面で［回帰分析］を選択する

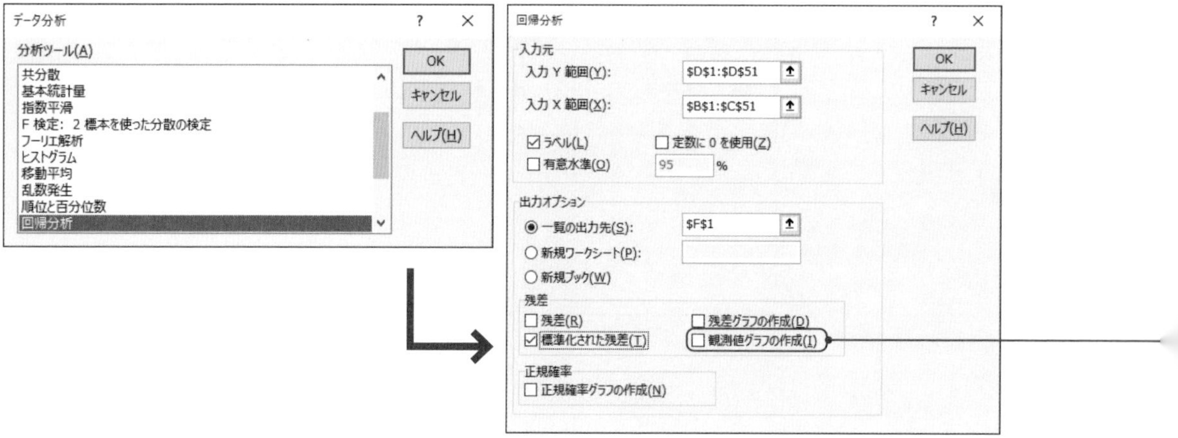

▼図 5-11　血圧とBMI値・年齢の重回帰モデル

回帰切片　回帰係数

$$Y = a + b_1 X_1 + b_2 X_2$$

変数1（BMI値）　変数2（年齢）

$$Y = -4.5 + 4.6 X_1 + 0.5 X_2$$

年齢60歳でBMI値30の人の血圧を予測しているみと……

$$= -4.5 + 4.6 \times 30 + 0.5 \times 60$$
$$= 163.5$$

図5-5（血圧とBMI値）と
図5-8（血圧と年齢）の2つの散布図が示される

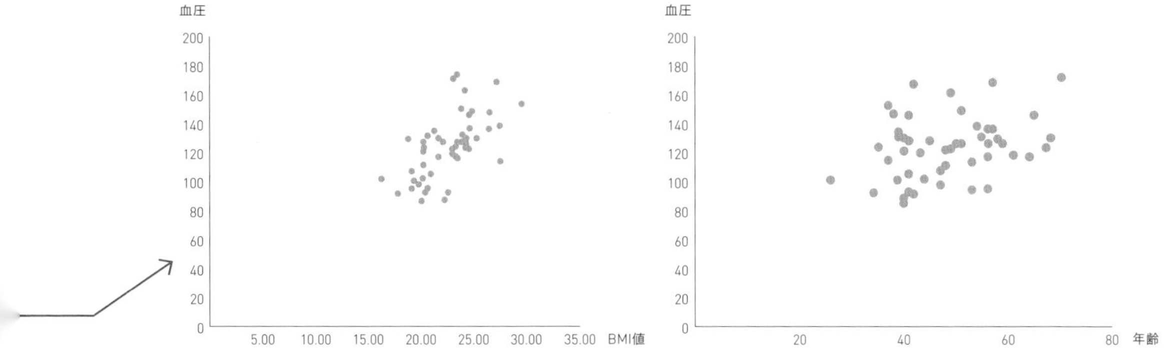

2　よい回帰モデルとは——説明変数の数はできる限り少なく決定係数が高い回帰モデル

先ほど、Cさんの重回帰モデルによれば、年齢60歳でBMI値が30の人は、血圧の予測値が163.5となり、かなり高血圧になることが推測される、と述べました。しかし、この予測値は、どの程度信頼できるものなのでしょうか。163.5という数値は、あくまで予測である以上、このような疑問が生じるのは当然です。

予測値の信頼性という問題は、予測値を算定する回帰モデルのよさに帰着する問題ですが、次の「変数選択の問題」と「回帰モデルの適合度の問題」の2つに分けて考えみる必要があります。

①変数選択の問題

どのような説明変数の組み合わせが、最もよい回帰モデルであると言えるのか

②回帰モデルの適合度の問題

回帰モデルから得られた予測値の精度をどのように評価するのか

意味のある説明変数の組み合わせを選ぶ（変数選択の問題）

統計学やデータサイエンスの世界では、モデルはできる限りシンプルでありながらも、予測の精度はできる限り高くするという原則があります。

いくら予測の精度を上げるためとはいっても、不要な変数を説明変数に加え続け、冗長

▼図5-12　説明変数が k 個の重回帰モデル

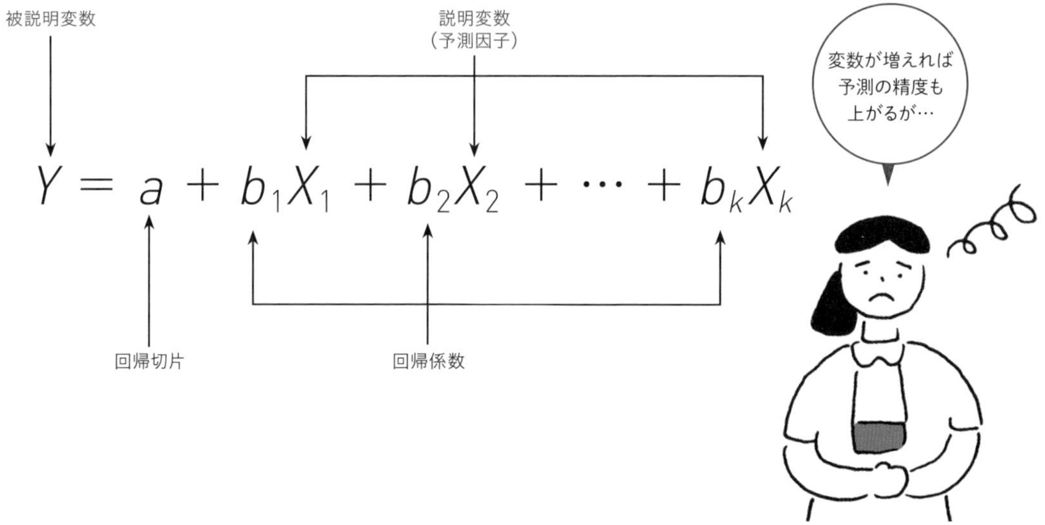

な回帰モデルを作成することは、決して望ましいことではありません。そこで、被説明変数の要因として、意味のある説明変数と意味のない説明変数をしっかりと見分けることが必要となります。これが①の変数選択の問題です。

■ **回帰係数の t 検定による変数選択**

変数選択で最もよく利用されるのは、回帰係数の t 検定と呼ばれる統計的仮説検定です。それ以外では、たとえば、情報量を用いたAIC（赤池情報量規準）も最近では多く用いられていますが、ここでは、Excelの「分析ツール」で簡単に出力できるという理由から、回帰係数の t 検定を取り上げてみましょう。

統計的仮説検定を利用するには、第2章で述べたように、データが母集団からランダムに抽出された標本データであることが前提になります。その上で、帰無仮説と対立仮説という2つの仮説を立て、どちらの仮説が正しいか判断します。回帰係数の t 検定の場合は、図5-13のような仮説を立てます。

図5-13で示されているように、たとえば、i 番目の説明変数 Xi に対応する回帰係数 bi について、帰無仮説が採択される場合、計算上は bi に何らかの数値が与えられたとしても、母集団の真の回帰係数は0なので、その積である $0 \times Xi$ も0になり、Xi という説明変数は、被説明変数 Y を説明する要因としては不要であると見なされます。

▼図5-13　回帰係数の t 検定で用いられる帰無仮説と対立仮説

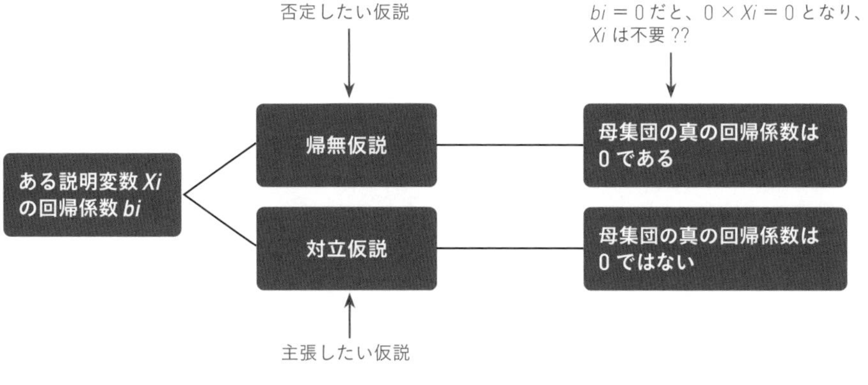

検定…統計上、どの位の確かさで結論を言えるのか調べること。

AIC…複数のモデルから1つを選ぶときの相対評価に用いられる。値が小さいほうが適合度が高い。

■ 有意水準で判断する

ただし、このような判断には、必ず間違うリスクがあることに注意しましょう。

有意水準と呼ばれるこのリスクは、本当は帰無仮説が正しいのに、誤って対立仮説を採択してしまう確率のことです。

回帰係数の *t* 検定の場合ですと、本当は不要な説明変数（回帰係数が 0）なのに、意味のある説明変数（回帰係数が 0 ではない）であると判断してしまう確率を意味します（統計学では、意味のあることを「有意」と言います）。有意水準は、分析する人が任意に設定できますが、一般には、1％、5％、10％という水準が用いられます。

図 5-14 は、C さんが、Excel の「分析ツール」で行った回帰分析の出力の一部を示していますが、この結果の「P- 値」に基づいて、回帰係数の検定を行うことができます。

具体的には、有意水準と「P- 値」を図 5-15 のように比較して仮説を採択します。たとえば、有意水準を 5％（0.05）に設定した場合、C さんの重回帰モデルでは、「BMI 値」の「P- 値」が 0.000、「年齢」の P- 値が 0.042 になっていますので、どちらも有意水準 5％

▼図 5-14　C さんが Excel の「分析ツール」で重回帰分析をした結果

	係数	標準誤差	*t*	P- 値
切片	-4.5	21.596	-0.207	0.837
BMI 値	4.6	0.871	5.311	0.000
年齢（現在）	0.5	0.240	2.088	0.042

> **有意水準**…統計的に意味があり、「偶然ではない」と判断する確率。1％、5％、10％という水準が用いられる。
>
> **P- 値**…説明変数の係数の有意性を表す指標。
>
> ***t* 値**…「P- 値」を求めるために必要な数値で、データから計算される。

▼図 5-15　仮説の採択

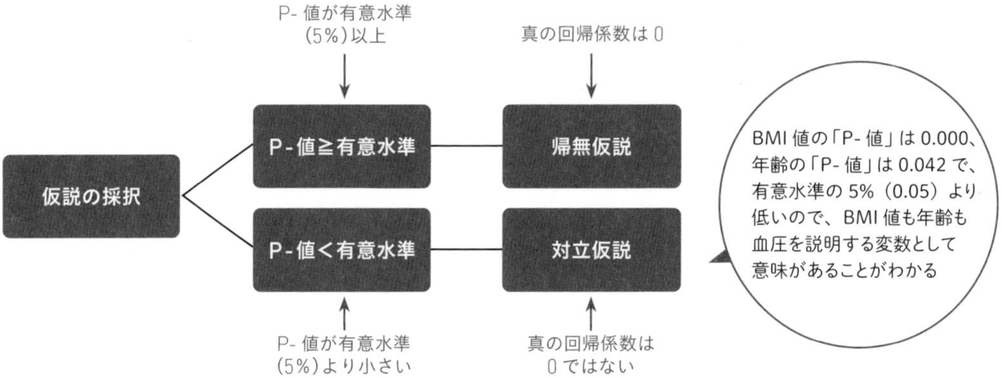

を下回っています。従って、対立仮説採択となり、これらの変数の「真の回帰係数は0」ではなく、2つの説明変数は、血圧を説明する変数として意味があると判断できます。

予測の精度（回帰モデルの適合度）

このように、各説明変数の回帰係数について検定を行い、必要な説明変数を選択していけば、シンプルで意味のある重回帰モデルに改良していくことができます。では、改良された回帰モデルで予測を行ったときに、その予測の精度はどのように評価すればよいのか。これが、②の「回帰モデルの適合度」の問題です。

図5-16は、回帰切片と回帰係数の数値がそれぞれ同一である2つの単回帰モデルとデータの散布図を示したものです。まったく同じ回帰モデルですから、任意のX値に対して得られる予測値もまったく同じ数値になります。ところが、回帰直線の周りに分布しているデータポイントのバラツキを注視すると、図5-16-1の方が図5-16-2に比べて大きいことがわかります。

▼図5-16　同じ数値の回帰切片と回帰係数を持つ2つの回帰モデル

5-16-1

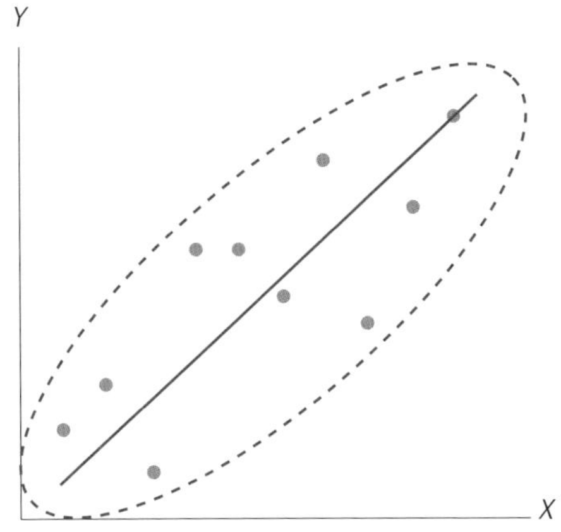

5-16-2

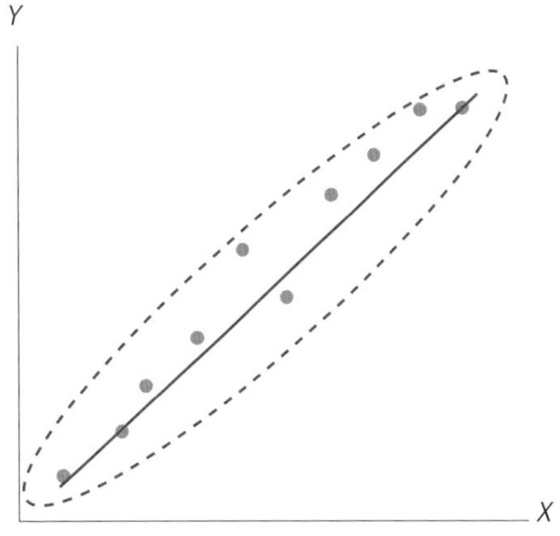

■ 残差を利用した決定係数で適合度を評価

ここで言うバラツキとは、図5-17で示されているように、実際の数値と予測値の数値の差のことで、残差と呼ばれます。つまり、全体的に見ると、図5-16-1の回帰モデルのほうが、図5-16-2の回帰モデルよりも残差が大きいということで、これは、回帰モデルのデータに対する適合度がよくないことを意味し、従って、予測値の精度もよくないことを意味します。

このように、残差は、回帰分析による予測の精度を評価する1つの根拠になります。このため、残差を利用した決定係数という指標を使って回帰モデルの適合度を評価し、予測値の精度を評価することが一般的です。具体的に述べると、決定係数は、0から1の範囲を取りますが、1に近づくほどよい適合度の回帰モデルであることを意味し、従って、予測値の精度もよいことを示します。ただし、重回帰モデルの説明変数の数が多く、その数が標本の大きさに近いようなときは、自由度調整済み決定係数という指標を使うとよいでしょう。

なお、Excelの「分析ツール」にある「回帰分析」では、決定係数を「重決定R2」、自由度調整済み決定係数を「補正R2」として表示します。Cさんの回帰分析では、「重決定R2」が0.434、「補正R2」が0.410で、0.5を下回っていることから、あまりよい適合ではないので、予測値の精度もそれほど高いわけではないということになりますね。

▼図5-17　回帰モデルの残差

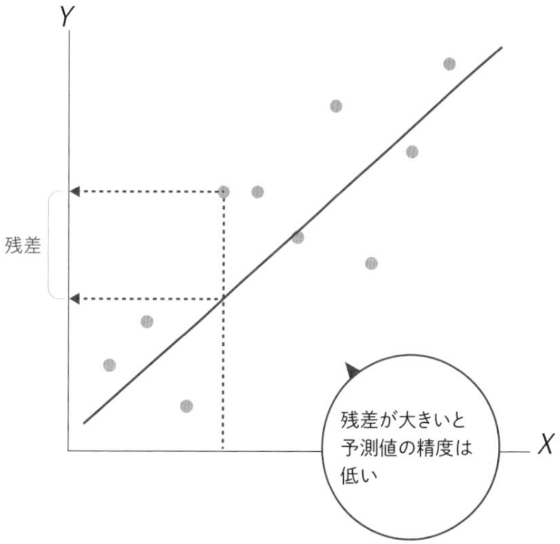

回帰統計	
重相関R	0.659
重決定R2	0.434
補正R2	0.410
標準誤差	16.434
観測数	50

「回帰分析」の出力結果の一部
決定係数が表示されている

残差…実際の数値と予測値の数値の差。
決定係数…回帰分析によって求められた目的変数の予測値（回帰直線）が、実際の値とどのくらい一致しているかを表している指標。0から1の値で、1に近づくほどよい適合度。説明変数の数を考慮した決定係数が、自由度調整済み決定係数。

3　さまざまな回帰診断──回帰分析の前提条件をデータから検証する

回帰分析は、データサイエンスの中でも最も応用範囲の広い手法の1つです。しかし、そうは言っても、適用に当たっては、満足させておくべき前提条件がいくつかあります。t 検定によって変数選択を行い、その結果、再計算された回帰モデルの決定係数が高い値を示していても、これらの前提条件を満足させているとは言えない場合がしばしばあります。

こうした問題に対処するため、最近では、回帰診断と呼ばれる方法が発展し、指定された回帰モデルが、これらの諸条件を満足させているかどうかをチェックすることが多くなってきました。そこで、本節では、次の3つの前提条件をめぐる回帰診断の方法を取り上げ、注意を喚起しておきましょう。

①非線形性の問題

被説明変数と説明変数は線形の関係である

②多重共線性の問題

各説明変数間に強い相関関係（多重共線性）が存在しない

③外れ値の問題

データに極端な値（外れ値）が存在しない

■ 非線形性

まず、①の非線形性の問題です。回帰モデルは、説明変数と被説明変数の関係が線形である（グラフが直線の傾向を示す）ことを前提としています。しかし、実際にデータのバラツキをみると、たとえば、図5-18のように、非線形な関係を示すことが少なくありません。

▼図5-18　被説明変数と説明変数が非線形な場合

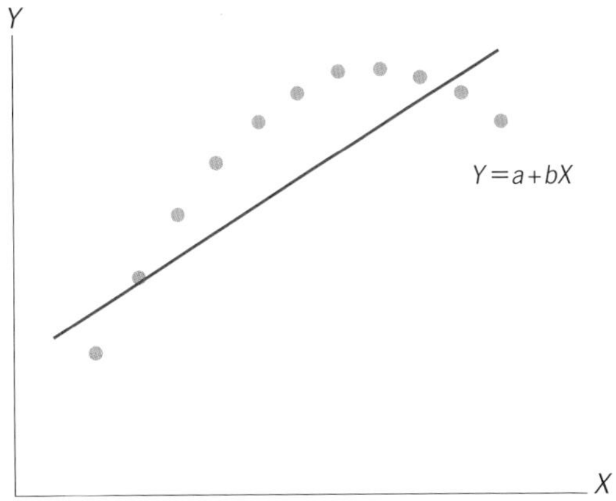

回帰診断…回帰分析で回帰モデルが適切かどうかを見当する方法。

このように、データポイントの分布が線形であるかどうかを確認するには、被説明変数と各説明変数について、それぞれ散布図を見るのがもっとも便利で簡単な方法です。

Excelの「分析ツール」では、図5-10(→P.124)の［回帰分析］のオプション［観測値グラフの作成］を活用するとよいでしょう。

散布図を見て、データポイントの分布が非線形(グラフが直線の傾向を示さない)であった場合は、各変数のデータを適切に変換（対数変換など）して回帰分析を行うのが一般的な対処法ですが、データの性質によっては、それが不可能な場合もあります。その場合は、非線形なモデルを前提とした回帰分析を行いますが（非線形回帰)、数学的に取り扱いが複雑になることは避けられません。なお、Cさんの重回帰モデルについては、図5-5と図5-8の散布図から線形性については問題がなさそうですね。

■ 多重共線性

次に、多重共線性の問題です。説明変数相互に強い相関がある場合、多重共線性が存在していると言い、回帰係数の推定や検定によくない影響を与えることが知られています。

多重共線性の有無を判断する回帰診断の方法としては、VIF（数値が約10以上で多重共線性の可能性）や条件数（数値が約15以上で多重共線性の可能性）といった指標が用いられますが、残念ながら、Excelの「分析ツール」の「回帰分析」では、出力のオプションがありません。

ですので、あくまで便宜的ではありますが、「分析ツール」の「相関行列」を使って、説明変数相互の相関係数をすべて求め、強い相関(たとえば相関係数の絶対値が0.7以上)が出てきた説明変数の組み合わせについて、多重共線性を疑ってみるのも1つの方法です。

▼図5-19　血圧とBMI値の回帰分析

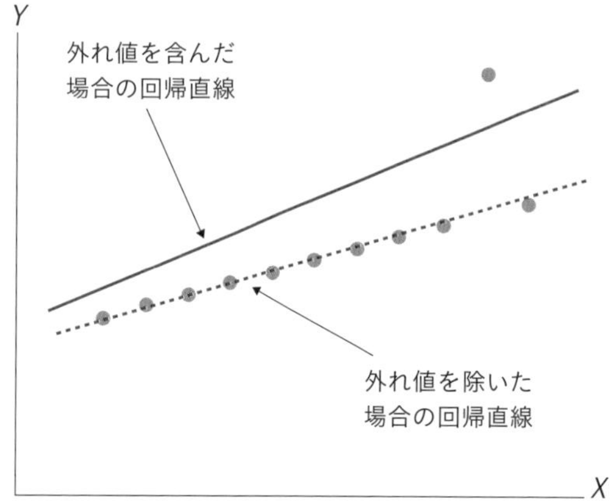

多重共線性…説明変数相互に強い相関があること。回帰係数の推定や検定に良くない影響がある。

多重共線性の対処方法については、確実に有効な方法というものはありません。最も簡単な処理としては、高い相関のある説明変数の一方を削除することですが、それが分析の目的上できない場合、リッジ回帰やラッソ回帰という特殊な回帰モデルを用いて分析する場合があります。

なお、C さんの重回帰モデルについては、「BMI 値」と「年齢」の相関係数が 0.13 と低いので、多重共線性は発生していないと考えられます。実際、この 2 つの変数について VIF と条件数を試算したところ、VIF は 1.02、条件指数は 10.51 となり、多重共線性の疑いはないようです。

▼図 5-20　外れ値を除いた重回帰分析の結果

	係数	標準誤差	t	P- 値
切片	-7.6	20.564	-0.372	0.712
BMI値	5.1	0.821	6.199	0.000
年齢	0.3	0.231	1.505	0.139

外れ値を除いた後

↑

	係数	標準誤差	t	P- 値
切片	-4.5	21.596	-0.207	0.837
BMI値	4.6	0.871	5.311	0.000
年齢	0.5	0.240	2.088	0.042

外れ値を除く前

標準化残差…残差を標準偏差の推定値で割ったもの。外れ値の存在をチェックする指標。絶対値が 2 を超えると外れ値の可能性大。

■ 外れ値の問題

次に、外れ値の問題です。回帰分析では、データに外れ値が含まれていると、図 5-19 のように回帰係数の値が不安定になり、推定結果や検定結果によくない影響を与えてしまいます。このため、データに外れ値が存在しているかどうかを検討することが必要です。その方法の 1 つとして、ここでは標準化残差を挙げておきましょう。

標準化残差は、図 5-10（→ P.124）の［回帰分析］オプションにも含まれており（「標準化された残差」）、これによって、変数 Y のデータに対応した標準化残差を出力することができます。判断の基準としては、おおよそこの残差の絶対値が 2 を超えると、変数 Y の外れ値を疑ってみる必要があります。

外れ値の対処方法としては、分析結果に大きく影響する場合には、計算から除外するのが一般的です。C さんの重回帰モデルの場合、標準化された残差が 2.16, − 2.14, 2.49 を示す外れ値がありました。そこで、外れ値に相当する 2 つのデータを除外して再計算した結果が図 5-20 です。

回帰切片や回帰係数の数値が異なるのは当然のことですが、「P- 値」を見ると、有意水準 10％でも「年齢」の説明変数については意味がないと判断され、分析結果が、当初の回帰分析と大きく異なることに注意しましょう。つまり、それだけ外れ値の影響が大きいということですね。

5-3

質的データを予測する

数量化Ⅰ類とロジスティック回帰を使う

**保健師のCさんは、血圧に影響を与える要因として、
調査で得られた他の変数を使うことができないか検討しました。
しかし、Cさんが行った調査では、カテゴリー変数の質的データが多く、
量的データを前提とする回帰分析は使えません。
このため、Cさんは、質的データを利用できる数量化Ⅰ類と
ロジスティック回帰を使って分析することにしました。**

1　数量化Ⅰ類——量的データの被説明変数と質的データの説明変数による回帰分析

Cさんの行った調査では、「年齢」や「身長」、「体重」以外にも、さまざまな項目についても質問していましたが、その結果として得られたデータの多くは質的データであるため、通常の回帰分析を使うことができません。そこで、数量化Ⅰ類とロジスティック回帰分析を用いて分析することとしました。

Cさんが試みた重回帰分析では、「血圧」を予測する説明変数としては、「年齢」があまり有効ではありませんでした。そこでCさんは、回帰モデルを改良しようと思い、別の変数を説明変数として使えないか、調査

▼図5-21　Cさんが行った生活習慣と血圧の関係を調べる調査のデータセット

NO	年齢（現在）	性別	喫煙	…	収縮期血圧	…
1	40	2	2	…	88	…
2	64	2	2	…	117	…
3	56	1	2	…	136	…
:	:	:	:	:	:	:
50	37	1	2	…	153	…

質的データを
量的データに変更

性別：男性＝1　　女性=2
喫煙：「1日10本以上のタバコを吸うか」→吸わない=1　　吸う=2

データを再検討します。

その結果、図5-21のように、「性別」と「喫煙」を候補としましたが、これらは量的データではなく質的データであるため、前節で検討した回帰分析を使用することはできません。このため、回帰分析に代わって使おうとしたのが数量化Ⅰ類と呼ばれるデータ解析の方法です。

■ 質的データを数値化する

数量化Ⅰ類では、図5-21の「性別」や「喫煙」といったカテゴリー変数のデータを、図5-22のような0と1のデータとして計算することが基本となります。

このようなデータを使い、回帰係数に相当するカテゴリースコアをデータから推定すると、「性別」や「喫煙」といったカテゴリー変数の質的データを用いて、「血圧」という連続変数の量的データの予測を行うことができるわけです。

▼図5-22　数量化Ⅰ類で使用するデータの形式に変更

NO	性別（*X1*）		喫煙（*X2*）		収縮期血圧（*Y*）
	男（*C1*）	女（*C2*）	吸わない（*C3*）	吸う（*C4*）	
1	0	1	0	1	88
2	0	1	0	1	117
3	1	0	0	1	136
:	:	:	:	:	:
50	1	0	0	1	153

性別の違いを0と1で数値化

喫煙習慣の有無を0と1で数値化

図 5-23 は、図 5-22 のデータを適用した数量化 I 類のモデルと、C さんが試みた推定結果を示しています。

なお、数量化 I 類のモデルは、回帰モデルとは異なり、係数 bi（カテゴリースコア）は、変数ではなくカテゴリー Ci に対応していることに注意しましょう。

図 5-23 の結果によると、たとえば、男性で毎日タバコを 10 本以上吸う人は、

$$123.9+8.1\times 1-6.9\times 0-2.2\times 0+0.8\times 1$$
$$=132.8$$

となり、高血圧の基準値 130 を超えるリスクがあることがわかります。

■ ダミー変数を使って回帰分析ツールで予測する

C さんが試みた数量化 I 類は、Excel の「分析ツール」にはありませんが、図 5-21 のデータを、図 5-22 ではなく図 5-24 のような形式にすると、回帰分析を使って、同じ予測値を導き出す回帰モデルを求めることができます。

図 5-24 の変数 $X1$ や $X2$ は、図 5-21 のカ

▼図 5-23　数量化 I 類のモデルと C さんの推定結果

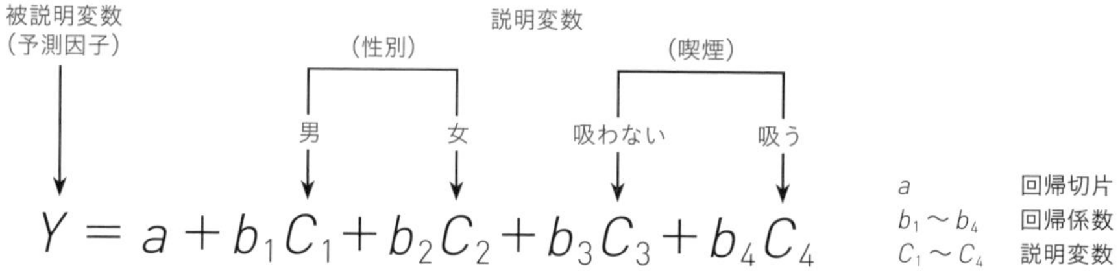

男性で毎日タバコを 10 本以上吸う人の血圧を予測しているみと……

$$Y=123.9+8.1C_1-6.9C_2-2.2C_3+0.8C_4$$
$$=123.9+8.1\times 1-6.9\times 0-2.2\times 0+8.1\times 1$$
$$=132.8$$

テゴリー変数、「性別（男性 =1、女性 =2）」と「喫煙（吸わない =1、吸う =2）」を、「性別（男性 =1、女性 =0）」と「喫煙（吸わない =1、吸う =0）」のように 0 と 1 のカテゴリーに変換したものであり、「ある事象が出現した（=1）か、出現しなかったか（=0）」という形式にした変数です。このような変数をダミー変数と呼び、回帰分析ではよく利用されます。

図 5-25 は、図 5-24 のデータを使って回帰分析をした結果を示しています。この回帰モデルから、先ほどの予測の事例を同じく、男性で毎日タバコを 10 本以上吸う人について、血圧の予測値を求めてみると、

$$117.8 + 15.0 \times 1 - 3.0 \times 0 = 132.8$$

となり、数量化 I 類と同じ結果になることが確認できますね。

▼図 5-24 ダミー変数を使ったデータの形式

No.	性別（$X1$）	喫煙（$X2$）	収縮期血圧（Y）
1	0	0	88
2	0	0	117
3	1	0	136
:	:	:	:
50	1	0	153

▼図 5-25　回帰モデルによる推定結果

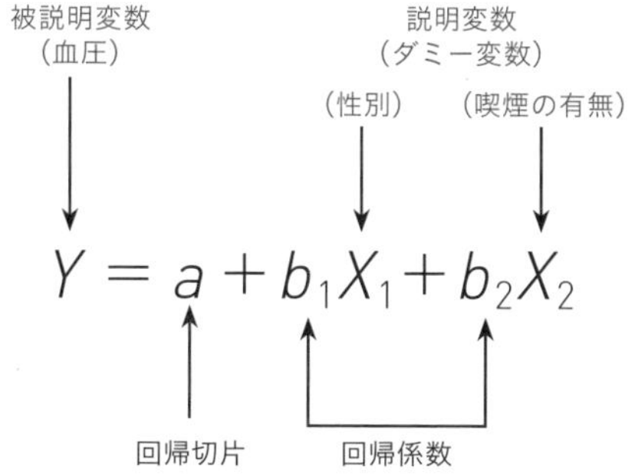

男性で毎日タバコを 10 本以上吸う人の血圧を予測しているみと……

$$\begin{aligned} Y &= 117.8 + 15.0X_1 - 3.0X_2 \\ &= 117.8 + 15.0 \times 1 - 3.0 \times 0 \\ &= 132.8 \end{aligned}$$

2　ロジスティック回帰――質的データの被説明変数と量的データの説明変数による回帰分析

Cさんは、さらに高血圧や肥満が影響する疾患について検討しようと、図5-26のような「心筋梗塞」の変数に着目しました。そこで、Cさんは、この疾患に対する「5年前の血圧（収縮期）」と「BMI値」の影響を分析することができないかと考えます。

想定したのは、「心筋梗塞」を被説明変数とし、「5年前の血圧」と「BMI値」を説明変数とする回帰モデルですが、先ほど試みた数量化I類とは逆に、被説明変数が質的データで、説明変数が量的データであるという点が問題です。

■ 心筋梗塞になる確率を予測する

このようなタイプのデータを使って予測を行うには、ロジスティック回帰と呼ばれる方法がしばしば用いられます。正確に述べると、ロジスティック回帰で最終的に求められる予測値は、ある事象が出現する比率（確率）です。Cさんが、図5-26で検討している場合で言えば、データの数値が1になると予測される確率、つまり「心筋梗塞になる確率」です。

ロジスティック回帰では、被説明変数の数値を、対数オッズ比と呼ばれる数値に変換します。たとえば、図5-26の「心筋梗塞」の場合、数値が1のとき（心筋梗塞の既往症がある人）は、調査対象者50人の中で1と回答した人の比率をpとして、「$p/(1-p)$」を対数（自然対数）変換して、もともとの数値である「1」に代置します（このような変換をロジット変換と呼びます）。

▼図5-26　心筋梗塞への影響を分析するためのデータ

NO	心筋梗塞の既往症	BMI値	5年前の収縮期血圧
1	0	22.04	112
2	1	23.20	159
3	0	24.43	119
:	:	:	:
50	1	29.39	78

BMI値と5年前の血圧
（いずれも量的データ）から、
心筋梗塞になるかどうか
（質的データ）を予測する

心筋梗塞の既往症：
「過去に、心筋梗塞と診断されたことが」→ある =1　ない =0

column

対数

対数とは、以下の（1）式を（2）式に変換したものです。（2）式の a は、「対数の底」と呼ばれ、$a=10$ の場合、（2）式は常用対数と呼ばれます。また、a が「自然定数の底」と呼ばれる定数 e（2.71828182846…）の場合、（2）式は自然対数と呼ばれます。

$$y=a^p \cdots (1) \Rightarrow p=\log_a y \cdots (2)$$

データを対数変換する目的は、モデルを線形化することにあります。対数は、以下の（3）式のように、変数 Y と Z の掛け算を足し算で、あるいは（4）式のように割り算を引き算で計算することが可能になります。つまり線形化ですね。このような対数の便利な特徴から、データサイエンスを始めとする技術計算ではよく活用されます。

$$\log_a xy = \log_a x + \log_a y \cdots (3)$$

$$\log_a \frac{x}{y} = \log_a x - \log_a y \cdots (4)$$

column

オッズ比

オッズ（odds）は、「勝ち目」と訳されることもあるように、競馬や競輪などのギャンブルでよく使われる言葉です。数学として意味は、ある事象の出現確率 p と、事象が出現しない確率（1-p）の比のことで、下のように定義されます。

$$\frac{p}{1-p}$$

定義式からも明らかなように、この計算値が 1 を超えると、ある事象が起こらないことより、起こることの見込みが大きいことになります。

ロジスティック回帰では、モデルの線形化のため、オッズ比を対数変換しますが、このような変換をロジット変換と呼びます。

そこでCさんは、図5-26のデータを使って分析を行い、図5-27のようなロジスティック回帰モデルの推定結果を得ました（モデルは通常の回帰分析と似ていますが、推定方法が異なるため、Excel「分析ツール」の「回帰分析」は使えません）。

この推定結果から、たとえば、BMI値が30（肥満）、血圧が130（高血圧）の予測値は、

$$-9.720+0.246\times 30-0.026\times 130$$
$$=1.040$$

となります。ただし、この予測値「1.040」は、ロジット変換された数値の予測値であり、この分析の最終目標である「心筋梗塞になる確率」ではないことに注意しましょう。

この予測値を確率に換算するには、図5-28のような計算をする必要があります。なお、図5-28のeは、自然対数の底と呼ばれる定数で、

$$e=2.71828182846\cdots$$

となります。

▼図5-27　ロジスティック回帰モデルとCさんの推定結果

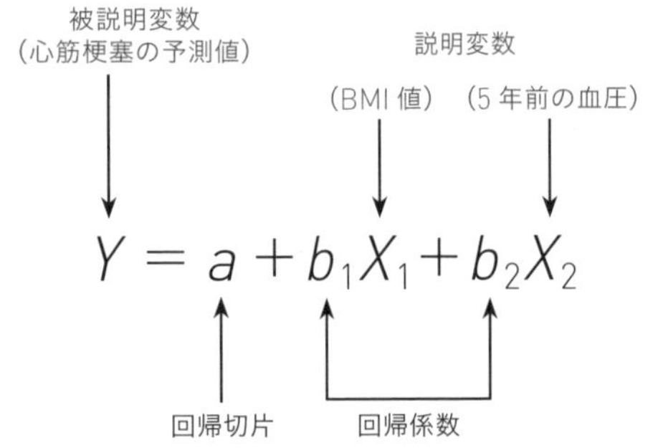

BMI値が30で5年前の血圧が130の人の心筋梗塞の予測値を求めてみると……

$$Y=-9.720+0.246X_1+0.026X_2$$
$$=-9.720+0.246\times 30+0.246\times 130$$
$$=1.040$$

図5-28の結果から、BMI値が30（肥満）、血圧が130（高血圧）の人は、心臓疾患のリスク（確率）が約74%になることがわかります。

さらに言えば、「BMI値」と「5年前の血圧」の係数がどちらもプラスであることから、BMI値が30以上、血圧が130以上になると、ますますその確率が高くなることも明らかです。よく知られているように、肥満や高血圧は、心臓疾患のリスクが高くなるということですね。

▼図5-28　心筋梗塞の確率

$$確率 = \frac{1}{1 + e^{-(予測値)}}$$

ここに予測値の1.040を入れる

$$= \frac{1}{1 + 0.353}$$

$$= 0.739 \cdots$$

第6章

データの倫理を考える

──データ化社会への警鐘──

「データ化社会」では、データが重要な意味を持っています。
しかし、データは、人間によって「作られた」ものです。
このため、それを適切に作成・管理・運営するには指針や規範が必要になります。
それを考えるのがデータの倫理です。

6-1

データの倫理とは

データ化社会の必修科目

現代は、さまざまなデータに取り囲まれた「データ化社会」です。
「データ化社会」に生きる私たちにとっては、データの「科学」を学ぶことと同時に、
データの「倫理」を学ぶことは重要です。
ここではデータの倫理について考えてみます。

1　データの倫理とデータ化社会

漫画家雨瀬シオリさんの人気漫画『ここは今から倫理です。』（集英社）に、主人公が「倫理は人生の必修科目」という台詞を言う場面があります。思うにこれは名言です。

「倫理とは何か」という問いに答えることは簡単ではありませんが、ここでは、私たちが社会で生きていく上で、「何が正しくて、何が正しくないか」を判断する規範のことだと定義しておきましょう。ですので、私たちは、倫理を知らなくても生きていくことはできます。しかし、社会の中で良き市民として生きていく上では、「必修科目」として倫理を学び、それを体現することが不可欠です。

倫理が人間の行動の規範であるとは言っても、人間の行動は多種多様なので、さまざまな問題に特化した倫理を考えることも重要です。その１つが本章で取り上げるデータの倫理です。

第１章でも述べたように、現代はさまざまなデータに取り囲まれた「データ化社会」です。つまり、データなしでは日常生活が成り立たない社会だということですね。

このような社会にあって、日々、データと接しながら暮らしている私たちにとっては、データの「科学」だけではなく、データの「倫理」を知ることも重要です。

▼図 6-1　データ倫理はデータ化社会の必修科目

情報倫理の４つの原則

データの倫理については、定説があるわけではありませんし、そもそも、データの倫理という言い方も一般的ではありません。ただし、「情報倫理」という分野があり、多くの研究成果が公表されています。

一般に、情報とは、「さまざまな事象や事実について知りえた内容」だとされますが、それらの多くはデータという形で知ることが多いことを考えると、情報倫理の論点は、データの倫理を考える上で参考になります。そこで以下では、第２章で説明したさまざまなデータを想定し、情報倫理の論点を参考にしながら、データの倫理を検討してみましょう。

リチャード・セヴァーソン（Richard Severson）という研究者の著書『情報倫理の諸原則』（*The Principles for Information Ethics*, Routledge）によると、情報倫理には４つの原則があるとされます。図6-2はその原則を示していますが、誰にとってもわかりやすく、理解しやすい原則ですね。

しかし、情報には、それを発信する送り手の立場と、受容する受け手の２つの立場があり、それぞれの立場で、倫理の考え方に違いもあるはずです。情報倫理の場合は、広い意味での情報を想定しているので、このような立場の区別をそれほど意識する必要はないのかもしれませんが、データの倫理を考える上ではこの区別は重要です。

▼図6-2　情報倫理をめぐるセヴァーソンの４つの原則

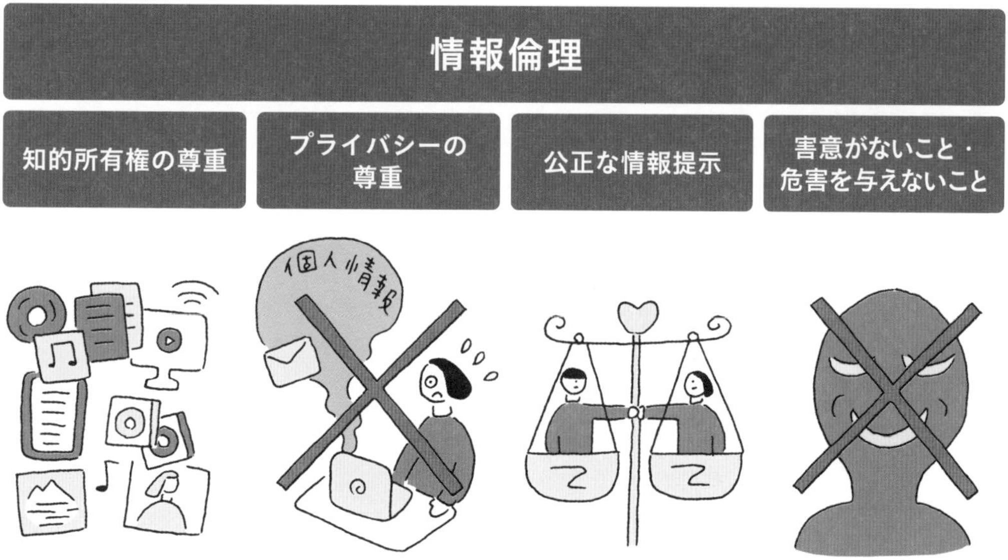

2　情報倫理の4つの原則とデータの倫理の規範例

そこで、データの受け手と送り手を消費者（利用者）と生産者（提供者）の立場として理解し、セヴァーソンの言う4つの原則を、規範例を挙げながらデータの倫理として具体的に示してみましょう。

①知的所有権の尊重

データから価値を創造するデータサイエンスの立場からすると、データは、経済学で言う1つの財（生産物）に相当します。従って、実際には、対価を支払わずにネットを通じて得たデータであっても、対価を支払って得たデータと同様の倫理が求められます。

②プライバシーの尊重

第2章で説明したように、プライバシーの問題は、とくに個票データを扱う場合、データの生産者だけではなくデータの消費者にも関係する問題となるため注意が必要です。

③公正なデータ提供

この原則は、おもにデータの生産者に課せ

▼図 6-3 「①知的所有権の尊重」に関する規範の具体例

データの消費者	・他者が作成したデータを許可なく複製・拡散しない ・集計表や分析結果を公表する場合は、データの作成者を明示する
データの生産者	・データが示す情報について責任の所在を明示（作成者の明示）する ・作成過程を明確にし、オリジナルなデータであることを示す

▼図 6-4 「②プライバシーの尊重」に関する規範の具体例

データの消費者	・個人対象の個票データは、個人情報が流出しないよう留意する ・企業対象の個票データは、営業上の秘匿情報が流出しないよう留意する
データの生産者	・個票データの提供では、個人情報などが特定できないよう一部データ（変数）を秘匿化する ・集計データの場合も、個人情報が特定できないよう集計方法に留意する

られるものですが、提供されたデータが公正なものであるかどうかをデータの消費者もチェックする視点が必要です。

④害意がないこと・危害を与えないこと

　この原則は、とくにデータの生産者の場合、「③公正なデータ提供」と重複する部分があります。

　データというのは、そもそも物理的には形のないものなので、それが人に危害を及ぼすこともあるとは想像できないかもしれません。

　しかし実際には、特定の意図をもって作成されたデータが、多くの人に良くない影響を与えることがしばしばあります。たとえば、製薬会社がデータを改ざん・捏造して、薬効のない新薬を販売して社会問題化したことがありました。その結果、どのようなことが起きたか、想像してみてください。このようなことが、これまでもさまざまな分野で起きています。

▼図 6-5　「③公正なデータ提供」に関する規範の具体例

データの消費者

- 作成者が不明で信頼性に欠けるデータを使用しない
- どのような方法でデータを収集したかを明示する

データの生産者

- データは、科学的な方法を用いて作成しなければならない
- データの作成過程は、原則として公表しなければならない
- データを改ざんしたり捏造してはならない

▼図 6-6　「④害意がないこと・危害を与えないこと」に関する規範の具体例

データの消費者

- どのような個人や機関がデータを作成しているかを知る
- データが、作成者の利害を左右する情報かどうかを理解する

データの生産者

- データは、科学的な方法を用いて作成しなければならない
- データの作成過程は、原則として公表しなければならない
- データを意図的に改ざんしたり捏造してはならない
- データが公共の利益に関わる場合は、第三者機関のチェックが必要

3　分析の倫理

　ここまでは、データそのものの取り扱いをめぐる倫理の話でした。データの倫理である以上、ここで話を終えてもよいのですが、データを作成するだけでなく、データを活用することを目的とするデータサイエンスの立場からすると、ひとつ物足らない点もあります。それは、データを使った分析結果の倫理で、ここでは「分析の倫理」と呼ぶことにしましょう。

新しい知見をめぐる問題

　本書では、第2章から第5章で、データ解析のさまざまな工程をつぶさに見てきました。似た者同士を分類したり、予測値を求めたり……。これらは、すべてデータを活用して導き出された新しい知見であり、加工されたデータという意味では、データの1つだと言えます。ただし、新しい知見の内容とその影響には、少なくとも2つの問題があることに注意しなければなりません。

①正確さや確実さに欠ける場合がある

　新しい知見というのは、「新しい」だけに、内容の正確さや確実さに欠ける場合がしばしばあります。これが第1の問題です。

②社会の関心や注目を集めやすい

しかし、「新しい」ということは、社会の関心や注目を集めやすいということでもあります。これが第2の問題です。

たとえば、新しい知見としての予測値が、社会的な反響を呼び、多くの人たちにさまざまな影響を与えたとしましょう。その予測値が、結果としては事実に反する不確実な内容だったとしても、誰も結果の責任を取らない、という事例は無数にあります。

消費者(利用者)も相対的評価を

こうした事実に鑑みれば、少なくともデータサイエンスの世界では、分析の倫理がデータの倫理と同様に重要な検討課題であると考えられます。

データの倫理と同じく、消費者（利用者）と生産者（提供者）の立場から分析の倫理を検討すると、問題の多くは、分析結果の生産者側にありますが、消費者も生産者の言いなりにならず、結果の真贋《しんがん》を見極める力を身につけておくことが望まれます。データサイエンスを学ぶ意義はここにもあるわけですね。

データの倫理と同じく、分析の倫理も定説として確立された規範があるわけではありませんが、最後に最も基本的だと考えらる規範例をいくつかあげておきましょう。

▼図 6-7　分析の倫理に関する規範の具体例

分析結果の消費者

- 自分が理解できない手法による分析結果については、結果の信頼性に留意する（分析結果の相対的評価）
- 上記を達成する手段として、データサイエンスの知識を身に付けることが望ましい

分析結果の生産者

- データ解析の方法は、前提条件を十分検討した上で適用しなければならない
- データを意図的に改ざんや捏造して、分析結果を歪めてはならない
- 分析結果が公共の利益に関わる場合は、第三者機関のチェックが必要
- 分析結果の責任者と責任の所在を明示する

倫理違反の事件簿

「ディオバン事件」と「統計不正事件」

データの倫理に違反するような事例は、過去、いくつもありました。
ここでは、大手製薬会社のノバルティス社による「ディオバン事件」と、厚生労働省による「統計不正事件」を取り上げ、これらが倫理規範のどれに違反するのか見てきましょう。

1　ディオバン事件

▶ 事件のあらまし

外資系製薬会社であるノバルティス社が起こしたデータ捏造事件

事件の発端は、同社が2000年に開発・販売した高血圧治療薬「ディオバン（バルサルタン）」の効果をめぐる臨床論文である。これらの論文によれば、「ディオバン」が、高血圧に対する優れた効果に加えて、狭心症や脳梗塞の発症を抑える効果もあるとされたが、多くの研究者から疑問が寄せられ、データ捏造や不正なデータ解析の疑惑が高まった。

事態を重く見た厚生労働省や関係する大学は、事実関係の調査にのりだし、5つの大学の研究のうち4つの大学の研究で、データ及びデータ解析に不正があったとされた。また、これらの臨床研究は、同社が5つの大学に提供した寄付金などによって行われており、同社社員であるS氏が各大学の臨床試験にデータ解析の専門家として関わっていたことも発覚した。

2014年、厚生労働省は、容疑者不明のまま、薬事法（誇大広告の禁止）違反容疑で東京地検に刑事告発し、論文作成に不正に関与したとして、S氏が逮捕され裁判となった。

なお、裁判は一審（2017年）、二審（2018年）とも、S氏の「データ捏造」は認定したものの、「論文には虚偽の内容をふくむものの、学術論文であり、薬事法にいう「広告」にあたらない」として、S氏の無罪判決が出ている（2021年現在、最高裁判所で審理中）。その一方、裁判で審理の対象となったのは、公表された5つの論文のうちの1つであったにもかかわらず、5つの論文は最終的にすべて撤回されている。

この事件は、刑事事件としては「無罪判決」が確定する可能性が高いので、「事件」に値するような問題ではないと思う人もいることでしょう。しかし、データ改ざんと、それによる分析結果の社会的影響を考慮すると、製薬会社、データを改ざんしたS氏、寄付金を受けて臨床研究を行った大学の責任は小さくありません。問題は、それにもかかわらず裁判で無罪判決が出たことです。

この事件の最も重要な論点は、データの重要性やデータの倫理が広く求められつつあるデータ化社会の中で、法律が現状に十分対応できていないことにあると考えられます。

つまり、現行の法律では、「薬事法」の「誇大広告の禁止」に抵触する事案としてしか起訴できず、それゆえに「学術論文は広告に当たらないため無罪」という結果になるのです。そこで、このよう背景があることを十分考慮した上で、データの倫理と分析の倫理から、この事件の問題点を検証してみましょう。

①データの倫理

データの倫理について見ると、ノバルティス社から寄付金を受けて臨床研究を行った大学は、データの生産者であると同時にデータの消費者でもあるわけです。この場合、両者は独立ではなく、消費者の立場から生産者をチェックすることが難しいので、不正の温床になりやすいと言えます。その上で、データの倫理から「ディオバン事件」を評価すると、まず指摘できるのは、公正なデータ提供に関する倫理違反です。

「害意がないこと・危害を与えないこと」に対しても倫理違反があったと言えるでしょう。確かに、ノバルティス社の「ディオバン」は、事件発生以前から高血圧治療薬として認可・販売されており、その過程で副作用などの大きな実害が発生していたわけではありません。

しかし、実害がないという理由で、このようなデータ改ざんが許されるとなると、データに対する社会的信頼を著しく低下させ、同様の事件を今後も誘発させることになりかねません（この本を執筆中にも、某大学の医学研究者によるデータ改ざんが発覚し、研究が中止するという事件がありました）。

また、改ざんデータによる分析結果を信じて、同社のディオバンを処方した医師や、それを使用し続けた患者に対しては、ディオバン以外の選択肢を阻んだという意味で、不要の負担を強いたことにもなります。従って、実害があってもなくても、この事件は、「危害を与えた」倫理違反として見なすことができます。

②分析の倫理

ディオバン事件は、大学の臨床研究が問題となっているので、データ改ざん以上に問題なのは、そのような改ざんデータを用いた実際の分析結果の責任であり、つまりは分析の倫理です。先ほどのデータの倫理の場合とは異なり、事件の当事者が「分析結果の生産者」となり、実際にディオバンを処方した医師やそれを服用している患者が「分析結果の消費者」になるので、消費者側から生産者側へのチェックはある程度期待できます。

実際、この事件は、ノバルティス社が宣伝した薬の効果――ディオバンの高血圧に対する優れた効果と、狭心症や脳梗塞の発症を抑える効果――に対して、多くの研究者や医療関係者から疑問が寄せられたことに始まります。

そこで分析結果の生産者の視点から、この事件を評価すると、前節図 6-7（→ P.149）の具体例にもあるように、「データを意図的に改ざんや捏造して、分析結果を歪めてはならない」、「分析結果が公共の利益に関わる場合は第三者機関のチェックが必要」について倫理違反だと言えます。なお、寄付金を受けて臨床研究を行った大学は、ここで言う第三者機関には相当しません。

また、データ解析の責任者で、データを改ざんしたＳ氏については、臨床研究で公表された論文にノバルティス社の社員であることが明示されていなかったことを考えると、「分析結果の責任者と責任の所在を明示する」という点でも倫理違反であると言えるでしょう。

2 統計不正事件

▶ 事件のあらまし

厚生労働省が起こした統計不正作成事件

事件の発端は、同省が作成・公表している「毎月勤労統計調査」で不適切な調査方法を適用していたことである。

同調査は、法律（統計法）の定めにより、「基幹統計」として指定されている統計調査で、調査方法や公表について、総務大臣の審査と承認が義務付けられている重要な公的統計である。このため、総務大臣の許可なく調査方法などを変更することは法令違反となるが、厚生労働省は、総務大臣への届出を怠り、全数調査で行うことになっていた東京都の大企業への調査を、2004年以降、一部抽出の標本調査として行っていた。またこれにともなって、必要となる統計処理も行われていなかったため、平均賃金額が低めに出るなどの影響が生じ、同調査の平均賃金額によって算定される雇用保険や労災保険などの給付額が過小評価されていた。

この統計不正事件は、2018年、統計行政を管轄する政府の統計委員会で平均賃金の伸び率に疑義が出されたのをきっかけとし、厚生労働省が調査の不適切を認めることで発覚した。こうした事態を受けて同省は、「毎月勤労統計調査等に関する特別監察委員会」を設置し、事件の究明や統計に対する信頼を回復するための方策等について報告書をまとめた。また、本来支払われるべき給付額を補填するため、政府は、年末に決定していた2019年度の予算案を再度閣議決定し直すという異例の事態を余儀なくされた。

2018年に発覚したこの事件は、多くの人々に実害が発生したこともあり、大きな社会的反響を呼びました。ただし、問題となったデータは、統計法という法律に基づいて作成されるものなので、ディオバン事件のように、民間企業や研究機関で作成されるデータとは根本的に異なるという点に注意しなければなりません。

統計法に基づいて作成されるデータを、行政用語では公的統計（official statistics）と呼びます。最も代表的なものでは、5年に1度実施される国勢調査が知られていますね。これ以外にも、毎年さまざまな公的統計が調査・作成されていますが、これらのデータの中には、「国や社会に関する情報」という統計データ本来の意味だけではなく、さまざまな政策の根拠として使用される「法定数字」としての意味を持っているものがあります。

たとえば、この事件の対象となった「毎月勤労統計調査」の場合、「事件のあらまし」で述べたように、平均賃金額のデータが、雇用保険（雇用保険法第18条）や労災保険（労働者災害補償保険法第8条）の給付金算定の基礎になると法律で定められています。このため、多くの人たちに実害が発生したわけです。

そこで、このような公的統計のもつ社会的責任を前提に、データの倫理と分析の倫理の視点から、この事件の問題点を検証してみましょう。なお、いずれの場合も、厚生労働省が「毎月勤労統計調査」の実施者であり、データの作成者であるため、生産者の立場であることを前提に倫理違反を検討することになります。

①データの倫理

データの倫理について見ると、まず問題になるのは、公正なデータ提供に関する倫理違反です。しかし、ディオバン事件とは異なり、本来であれば、「統計法」が、データの生産者による公正なデータ提供を担保する法的な根拠となるはずで、事実、この法律もそれを目的として制度設計されています。

なので、この事件が公正なデータ提供の倫理違反に相当するということは、厚生労働省がこの統計法を遵守しなかったことを意味します。そうなると、この事件は、もはやデータの倫理違反を超えた、深刻な問題であることに気づきます。

言うまでもありませんが、厚生労働省というのは行政府の一機関です。このような行政機関は、通常、さまざまな行政法に基づいて運営されており、行政機関が行政法を遵守することは、私たち一般人が法律を遵守すること以上に厳格でなければならないはずです。

つまり、この事件は、厚生労働省という行政機関が、統計法という行政法を遵守していなかったという、データの倫理以上に重要な問題がそこにはあるということです。

データの倫理について言えば、「害意がないこと・危害を与えないこと」も問題になりそうですが、これについては、多少微妙な点が含まれています。「統計法」上の法律的な問題を別にすると、対象となった「東京都の大企業」を、全数調査ではなく標本調査で行ったとしても、ランダムに調査対象が抽出されていれば、統計学上の問題はなく、「害意がないこと・危害を与えないこと」の倫理違反を問うことは難しいからです。

しかし、実際には、平均賃金額が過小評価され、多くの人たちに実害を及ぼしたことに間違いはありません。このため、問題は、むしろ平均賃金額の計算過程にあると言ってよく、「平均値」をめぐる統計処理に関係しているため、次の「②分析の倫理」で詳しく見ていくことにしましょう。

②分析の倫理

統計不正に関する「特別監察委員会」が公表した『追加報告書』によると、「抽出調査にした場合、推計のために抽出率に応じた適切な復元処理を行うことが必要」であるにもかかわらず、実際には行われておらず、その結果「金額が低めになっていた」としています。

■ 復元処理の問題

そこで復元処理とは何か、またそれをしないとなぜそのようことが起きるのか、これらについて簡単に説明しておきましょう。

毎月勤労統計調査では、本来、中小企業に対しては一部抽出による標本調査、大企業については全数調査を適用することが定められています。また、雇用保険や労災保険の給付額の算定には、結果として得られた平均賃金額が用いられますが、一般に平均賃金は、中小企業より大企業の方が高いということに注意する必要があります。

これらの点を前提にした上で、『追加報告書』の指摘を評価してみましょう。

はじめに、報告書で述べられている復元処理という言葉の意味ですが、これは平均賃金を求める場合、ウェイト（重み）の大きさを正確に復元するということです。

▼図 6-8　平均賃金額算出の問題点

6-8-1 毎月勤労統計調査で定められた方法の場合

母集団	中小企業	大企業
企業数	200 社	100 社
抽出率	50%	100%
調査対象企業数	100 社	100 社

平均賃金は
中小企業 30 万円
大企業 35 万円

式 6-8-1　適切な復元処理を行った場合の平均賃金額 W の計算

$$W = \frac{30\times200+35\times100}{300}$$

$$= 31.66\cdots$$

6-8-2 毎月勤労統計調査で実際に行った方法の場合

母集団	中小企業	大企業
企業数	200 社	100 社
抽出率	50%	50%
調査対象企業数	100 社	50 社

式 6-8-2　適切な復元処理を行った場合の平均賃金額 W の計算

$$W = \frac{30\times200+35\times100}{300}$$

$$= 31.66\cdots$$

式 6-8-3　適切な復元処理を行わなかった場合の平均賃金額 W の計算

$$W = \frac{30\times200+35\times50}{250}$$

$$= 31$$

大企業の数を 50 社
として計算しているので、
全体の平均賃金が
低くなっている

■ **単純な例で考えてみると……**

話をわかりやすくするため、図6-8のような単純な場合を想定してみましょう。この図では、母集団となる中小企業が200社、大企業が100社あり、「調査対象企業」の平均賃金額は中小企業が30万円、大企業が35万円となります。また、それぞれの平均値は母集団の平均値と一致すること、標本抽出率は50%であるとします。

統計不正事件で問題となった復元処理とは、式6-8-1と式6-8-2に示されているように、母集団の企業数に応じてウェイトをかけ、平均値を算出するということです。

たとえば、式6-8-1では、中小企業1社当たりの平均値は30万円で、それが母集団全体では200社あるため30万円×200社、一方、大企業1社当たりの平均値は35万円で、母集団全体では100社あるため35万円×100社、従って、母集団である300社の1社当たりの平均値は約31.7万円となります。

ところが、この事件の場合は、式6-8-3のような計算を行ったために問題が生じました。この式では、大企業のウェイトが、母集団の100社ではなく、「調査対象企業数」の50社を使っている、つまり母集団の大企業数にウェイトを復元しないまま35万円×50社としているので、大企業の賃金額の大きさが相対的に小さくなり、結果として平均賃金額が過小評価されています。

以上の点から、統計不正事件を簡単にまとめるとすれば、図6-8-2のような調査方法で得たデータを、式6-8-2の計算に基づいて平均賃金額を求め、結果として雇用保険や労災保険の給付額を過少評価させてしまい、多くの人たちに経済的影響を与えたということになります。

とくに、復元処置を怠って平均賃金額を求めたことが重要な論点になっていますので、この事件は、生産者側の分析の倫理からも検討する必要があります。その場合、まず指摘すべきは、「データ解析の方法は前提条件を十分検討した上で適用しなければならない」ことに対する倫理違反です。

相加平均の性質を考えれば、復元処置をせずに平均賃金額を求めれば、大企業の影響が過小評価されることは明らかで、この点で厚生労働省は、慎重に検討・対応すべきでした。

一方、同省は公的な行政機関であり、統計法上の制約もあるため、「データを意図的に改ざんや捏造」したとは考えられませんが、「分析結果を歪め」たことは事実であるため、やはりこの点でも倫理違反であると見なされます。ただし、「分析結果が公共の利益に関わる場合は第三者機関のチェックが必要」という点では、この事件が統計委員会での指摘をきっかけに発覚したことを考えると、一定のチェック機能を果たしていたと言えそうです。

第7章

データサイエンスとAI

——ビッグデータがもたらしたデータ革命——

ビッグデータを前提にしたデータサイエンスは、
機械学習やAIと深く関係しています。
このような意味でのデータサイエンスでは、
ビッグデータを活用したAIの数理モデルを主要な研究目的にしているからです。

7-1

機械学習の基本

データを更新しながら、数理モデルを改良

データサイエンス研究の多くは、ビッグデータを前提にしています。
ビッグデータの解析には機械学習や深層学習の考え方が有効であるため、
データサイエンスでもそれらを基本とした研究が行われています。

1　機械学習・深層学習・AI

本書では、広い意味での「データの科学」としてデータサイエンスを提議していますが、いま世の中に流通しているデータサイエンス関係の本は、多くがビッグデータを前提にしています。それは、データサイエンスがビッグデータを活用したAI（人工知能：Artificial Intelligence）の数理モデルを主要な研究目的にしているからです。

AIというと、先端技術の1つとして、最近にわかに社会的関心が集まっているような感がありますが、研究の歴史は意外に古く、1950年頃までさかのぼることができます。その間、何度かAIブームがありましたが、ここ最近のAIブームは、ビッグデータの活用を前提とした深層学習（deep learning）の発展を抜きに語ることはできません。

機械が「学習」するとは

深層学習は、図7-1で示したように、言わば機械学習の発展型として見ることができます。

▼図7-1　機械学習から深層学習、AIへの流れ

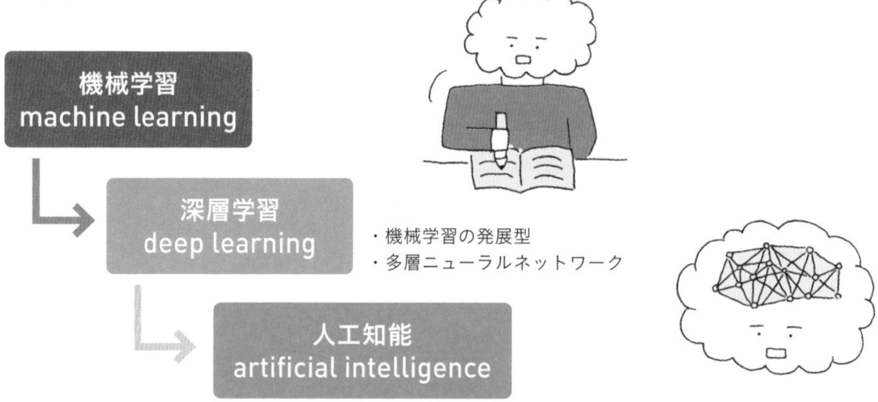

ここで注意しておきたいのは、学習の意味です。

機械学習というと、機械、つまりコンピュータが学習するような印象を受けますが、コンピュータ自身が自覚的に学習するというわけではありません。

実際は、コンピュータを使って、データを更新しながら、数理モデルを改良していくことを学習と呼んでいるわけです。

深層学習は、機械学習が想定していた数理モデルから、とくに、ニューラルネットワークという数理モデルに特化し発展した技術です。その点では、広い意味で機械学習の１つであると言ってよいでしょう。そこで、まず機械学習の基本的な考え方を簡単に述べておきましょう。

機械学習

図 7-2 で示されているように、機械学習は４つの過程から成り立っています。

▼図 7-2　機械学習の４つの過程

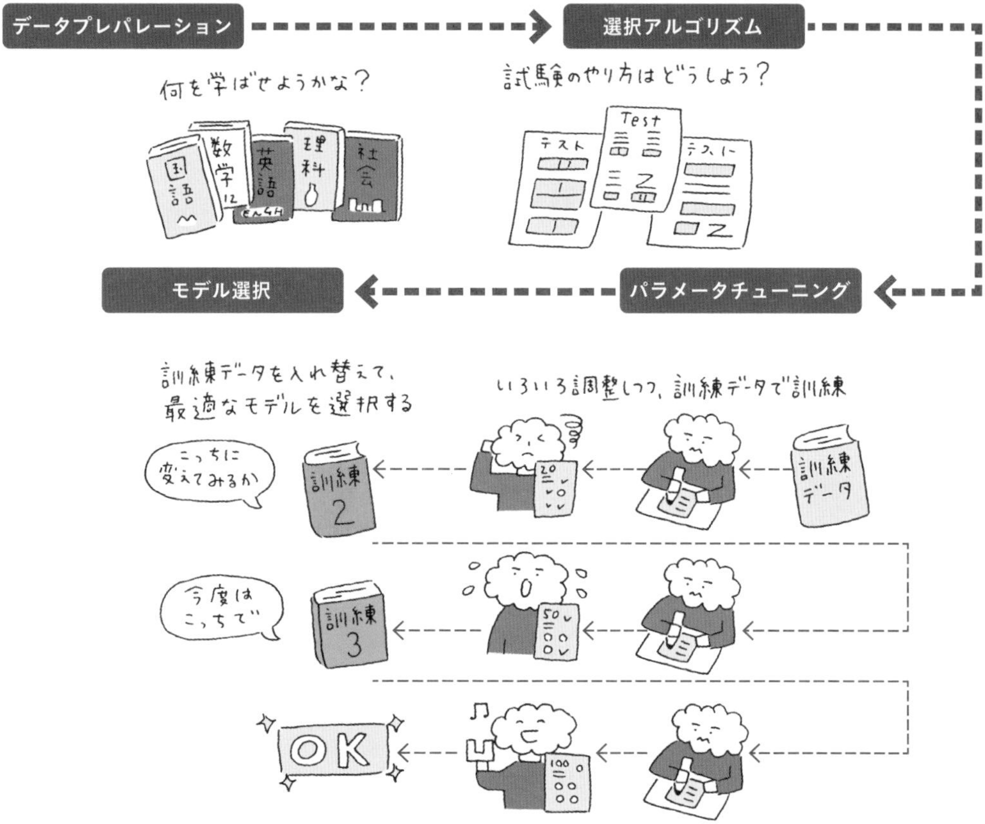

■ **データプレパレーション**

データプレパレーション（data preparation）とは、文字通りデータの準備のことです。ここでのデータは、とくにビッグデータだけではありませんが、ビッグデータであれば、学習の真価をより発揮させることができると言えるでしょう。

■ **選択アルゴリズム**

次に選択アルゴリズムです。ここで言うアルゴリズムとは、データ解析の方法を指しています。分析の目的に応じて、必要なデータ解析の方法を選択する過程です。

■ **パラメータチューニング**

アルゴリズムの選択が終わると、そのアルゴリズムを具体化した数理モデルのパラメータを調整することが必要で、これがパラメータチューニングです。

たとえば、第5章で取り上げた回帰分析の場合について述べると、回帰分析がアルゴリズム、そのアルゴリズムを使って分析の目的のために想定された数理モデルが回帰モデル、そして、その数理モデルを実際のデータから特定する回帰係数がパラメータに相当します。

■ **モデル選択**

最後にモデル選択ですが、これは、チューニングを終えた複数の数理モデルを比較し、最良なモデルを選択することです。従って、最良なモデルをめぐるモデルの評価もこの過程に含まれます。

機械学習では、図7-3のように、これらの過程を繰り返しながら（学習しながら）、絶えず数理モデルを改良して（より良く成長し）、より精度の高い予測などを行うこと（より良い成果を生み出す）を目的としています。

▼図7-3　学習の過程

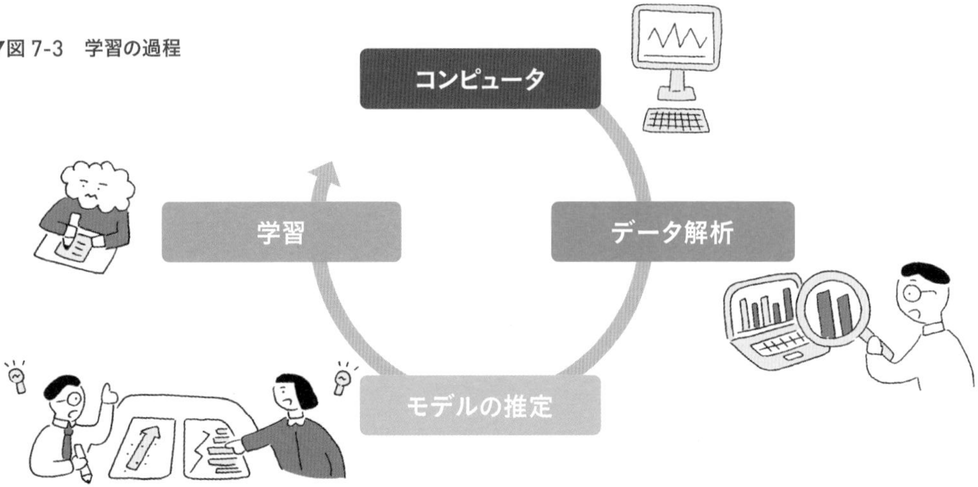

2　データプレパレーション

機械学習の4つの過程を、より具体的に見ていきましょう。まず、データプレパレーションです。

先ほど、ビッグデータの場合は、機械学習と親和的であると言いましたが、それはデータを常時更新していくことができ、従って学習も常時行うことができるからです。ビッグデータの特徴については、第2章でも取り上げましたが、改めて確認しておきますと、図7-4のようになります。

■ 特徴量エンジニアリング

もちろん、機械学習で想定しているのは、ビッグデータだけではありません。

ですので、データプレパレーションの過程で重要なことは、集めたデータを分析しやすいように整形することです。

また場合によっては、集めたデータを加工して、新たな変数を作成することも必要になります。このような加工を、機械学習では、特徴量エンジニアリングと呼びます。

▼図7-4　ビッグデータの特徴

3　選択アルゴリズム

データプレパレーションで集めたデータを整理し、適当なデータセットを作成できれば、次は、分析目的に応じてアルゴリズムを選択することになります。機械学習では、分析目的を、大きく「分類」と「予測」の2つに分けます。

教師あり学習と教師なし学習

また、それらのアルゴリズムは、それぞれ、教師なし学習（unsupervised learning）と、教師あり学習（supervised learning）に分けることもできます。

■ 教師なし学習

教師なし学習とは、参照すべき助言や例外が事前にない、あるいは、求めるべき正解がない場合の学習を指しており、データに存在するパターンを分類・把握するアルゴリズムがそれに対応します。具体的には、図7-5に示されているように、クラスター分析や主成分分析が、教師なし学習に相当するアルゴリズムになります。

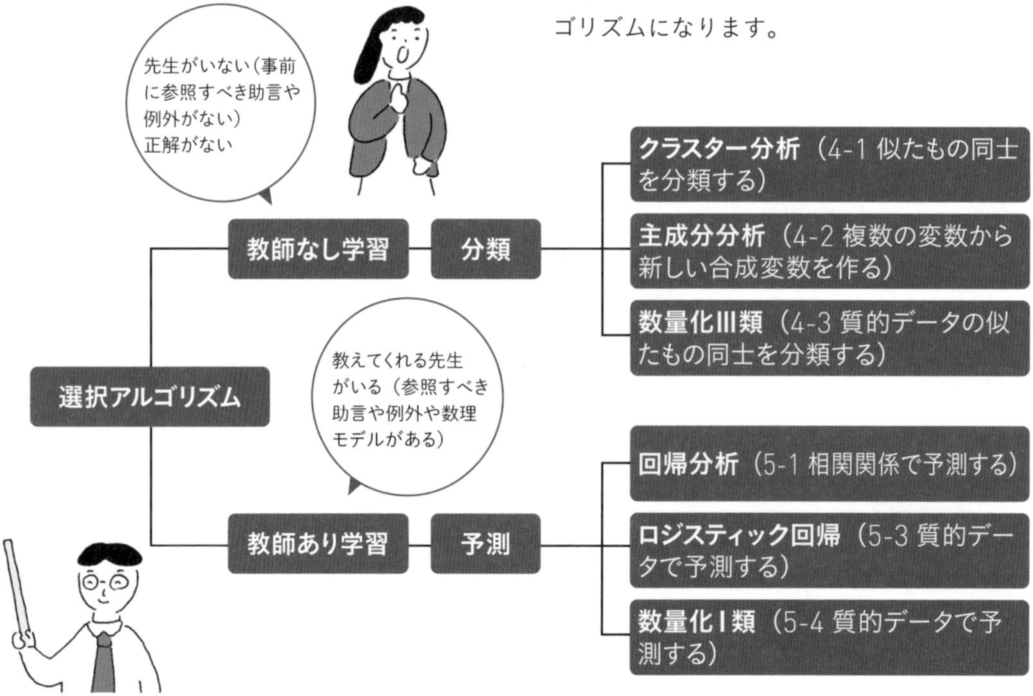

▲図7-5　2つのタイプの学習方法と本書で取り上げたアルゴリズム

■ 教師あり学習

一方、教師あり学習とは、参照すべき助言や例外が事前にある、あるいは、求めるべき正解がある場合の学習を指しており、数理モデルに基づいて予測するアルゴリズムがそれに対応します。

予測は、結果として、的中したかしなかったかが、数理モデルの改良（学習）に役立つので、それが「参照すべき助言や例外」に相当するわけですね。具体的には、回帰分析やロジスティック回帰が教師あり学習に相当するアルゴリズムになります。

■ 訓練データとテストデータ

ところで、教師あり学習の場合、学習の成果向上、つまり、予測の精度向上のために、2つの異なるデータが必要となることに注意しましょう。

1つは、訓練データと呼ばれるデータで、これは「教材として使用するデータ」であり、数理モデルの推定・改善に使用するデータです。

もう1つは、テストデータと呼ばれるデータで、これは「学習成果の評価に使用するデータ」であり、数理モデルの評価・検証を行うための未知データです。つまり授業で先生が事例や教材として使用するデータと、実際の中間試験や期末試験で使用するデータのようなイメージですね。

4　パラメータチューニング

パラメータとは、図7-6で示されているように、数理モデルを具体的に特定するものです。先ほど述べましたが、回帰モデルの場合で言うと、回帰係数に相当します。そこで、第5章で取り上げた重回帰モデルを事例にして説明してみましょう。

回帰分析の目的は、被説明変数に関する予測を説明変数から行うことにあります。たとえば、次ページ図7-7のような重回帰モデルでは、被説明変数がY、説明変数が$X1$と$X2$となります。予測を行うことから、機械学習では、説明変数を予測因子と呼ぶことがあります。

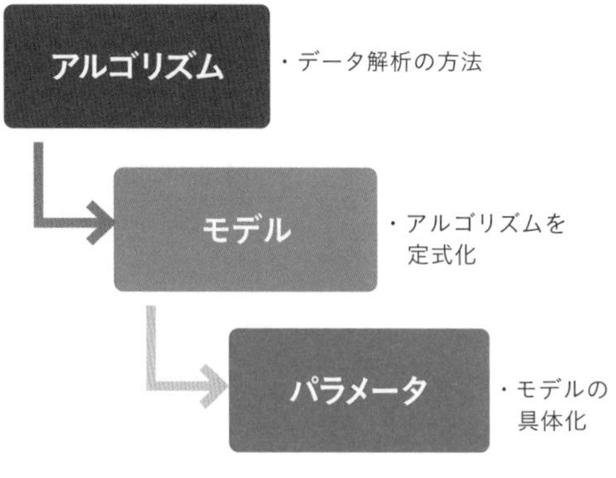

▲図7-6　アルゴリズム・モデル・パラメータ

重回帰モデルでは、回帰切片 a や回帰係数 $b1$、$b2$ がパラメータになりますが、これらは Y の予測値に対する影響の大きさを示しており、データから推定値（定数）が得られれば、モデルから具体的な予測を行うことができるようになります。

機械学習では、訓練データとテストデータを使って、パラメータの推定と予測値の精度を検証しながら、パラメータを繰り返し調整していくことが求められます。それによって、最適な予測が可能になるモデルを求めていきますが、この過程をパラメータチューニングと呼びます。

適切な学習と不適切な学習

パラメータチューニングは、モデルの予測精度に影響を与えるので、当然のことですが「適切な学習」が不可欠です。ここで言う「適切な学習」とは、「不適切な学習を避ける」ことを意味しており、機械学習では、図 7-8 で示されている 2 つが「不適切な学習」に相当します。

▼図 7-7　2 つの説明変数からなる重回帰モデル

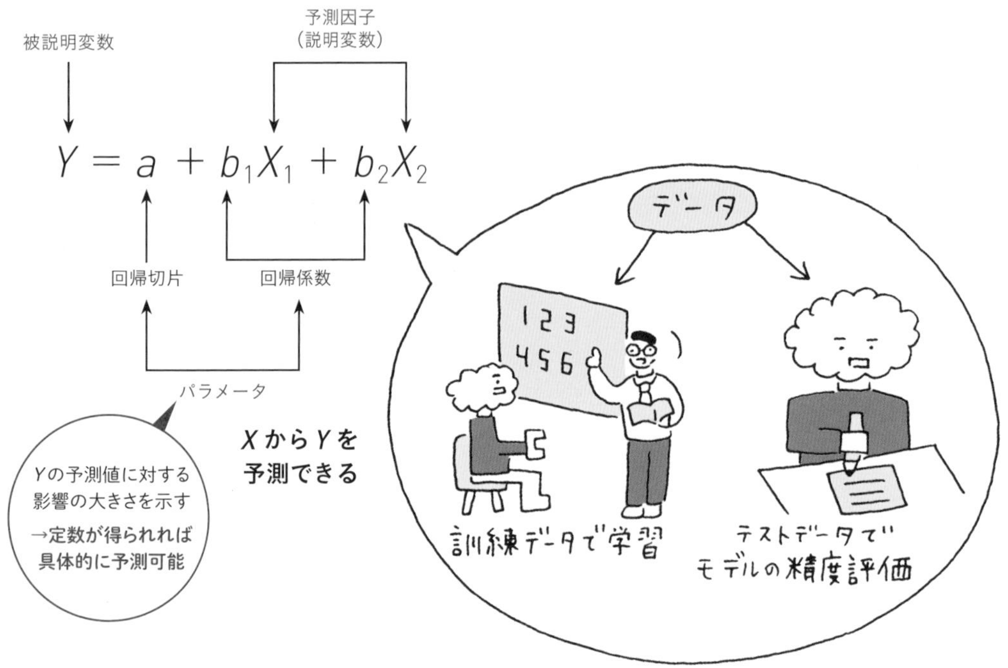

■ 過学習

まず過学習ですが、これは、過剰適合（overfitting）とも呼ばれ、モデルがデータに過剰適合し過ぎることです。たとえば、訓練データでは非常によい適合を示しても、テストデータでは不適合になるような場合です。

■ 未学習

一方、未学習は、文字通り学習不足（underfitting）のことで、モデルがデータに不適合だということです。つまり、訓練データでもテストデータでも不適合なモデルという場合です。

▼図 7-8　不適切な学習

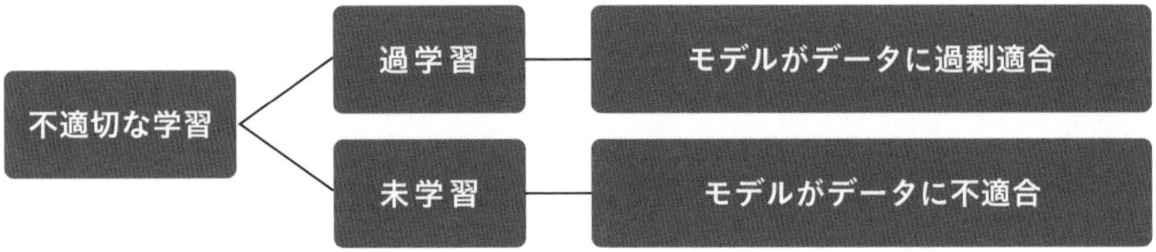

5　モデル選択

繰り返しになりますが、回帰分析のような教師あり学習のアルゴリズムでは、予測の精度、つまり「学習の効果」が、しっかりと評価されなければなりません。それによって、最適なモデルを選択することができるわけです。

「学習の効果」を評価するには、当然のことながら評価基準や評価方法が明確である必要があります。たとえば、ここで取り上げた回帰分析では、いくつか代表的な評価指標があります（2乗平均平方根誤差（RMSE）など）が、これらの指標がモデルの良さを完全に示すというわけでありません。

過学習のモデルの場合、訓練データではよい結果を示しても、テストデータではよい結果を示さないことがありうるからです。このようなことを避けるには、バリデーション（validation）と呼ばれる方法で、モデルの良さを評価することが必要です。

バリデーションとは、モデルの学習効果、つまり、パラメータの更新を検証する方法です。具体的には、モデルの検証として使用するテストデータを新規に用意するのではなく、現在使用しているデータセットを、ランダムに訓練データとテストデータに分割して、訓練データは、モデルの作成とパラメータチューニングに使用し、テストデータはモデルの精度評価に用いるという方法です。

7-2

ニューラルネットワークとAI

人工ニューロンとデータ伝達

現在のAIブームは、少なくとも過去2回あったため、「第三次AIブーム」とも呼ばれますが、以前と異なるのは、その背後にビッグデータの発展と普及があることです。

1　AIとデータサイエンスの関係

第2章でも取り上げたように、ビッグデータは、言わば現代の情報通信技術（ICT）が生んだ申し子です。データのあり方を一変させたという意味で、ビッグデータの登場がデータ革命をもたらしたとする評価もあります。

データ革命がブームに影響を及ぼしているという点では、データサイエンスもAIと同じです。ビッグデータの活用を通じて、データサイエンスとAIは深い関係にあるからです。

先ほど述べたように、データサイエンス研究の多くは、ビッグデータを前提としています。それは、ビッグデータを活用したAIの数理モデルが、データサイエンス研究の主要な目的としているからです。その意味で、AIとデータサイエンスは、表裏一体の関係にあると言っても過言ではありません。では、そのAIの数理モデルとは一体何でしょうか。

それは、深層学習に基づくニューラルネットワークです。この研究が、現代のAIに関する数理モデル研究の中心になっています。そこで、ニューラルネットワークの基本的なしくみを簡単に説明して、本書の締めくくりとしましょう。

2　ニューラルネットワークとは

ニューラルネットワークとは、文字どおり神経回路網のことで、人間の頭脳を擬態化した数理モデルを指す言葉です。

人間の頭脳は、神経細胞（ニューロン）を構成要素とした神経回路網から成り立っており、知覚や運動を通じて経験（データ）を蓄積し、さまざまな推論や予測を行っています。また、推論や予測の結果から学習し、より精度の高い推論や予測ができるよう成長していきます。このような頭脳の機能（知能）を、擬似的に数理モデルとして構成したのがニューラルネットワークです。

次ページの図7-9で示されているように、頭脳の神経回路網の核となる神経細胞は、情報を受け取る樹状突起と、情報を送り出す軸索末端という2種類の突起が、情報を伝達する細胞を通じて結びついています。このような情報伝達の構造をシナプスと呼びますが、それを数理モデルに置き換えたのが人工ニューロンで、深層学習に基づくAI技術の基本となります。

たとえば、自動的な画像認識は、このような数理モデルによる推論の代表例です。画像認識の基本は、物体認識、顔認識、文字認識の3つですが、これら3つの対象を瞬時に識別する技術が、産業、医療、防犯などの分野で大きな成果を上げていることはよく知られていますね。

自動的な画像認識は、そのスピードと正確さの点で、人間の判断よりも優れている場合が多々あります。そのようなことが可能になったことについては、図7-10（→P.171）で示されているように、少なくとも3つの要因を挙げることができるでしょう。

まず、データストレージとデータシェアリングの向上です。ニューラルネットワークのモデルを訓練し、その性能を改良するには、

▼図 7-9　ニューロンと人工ニューロン

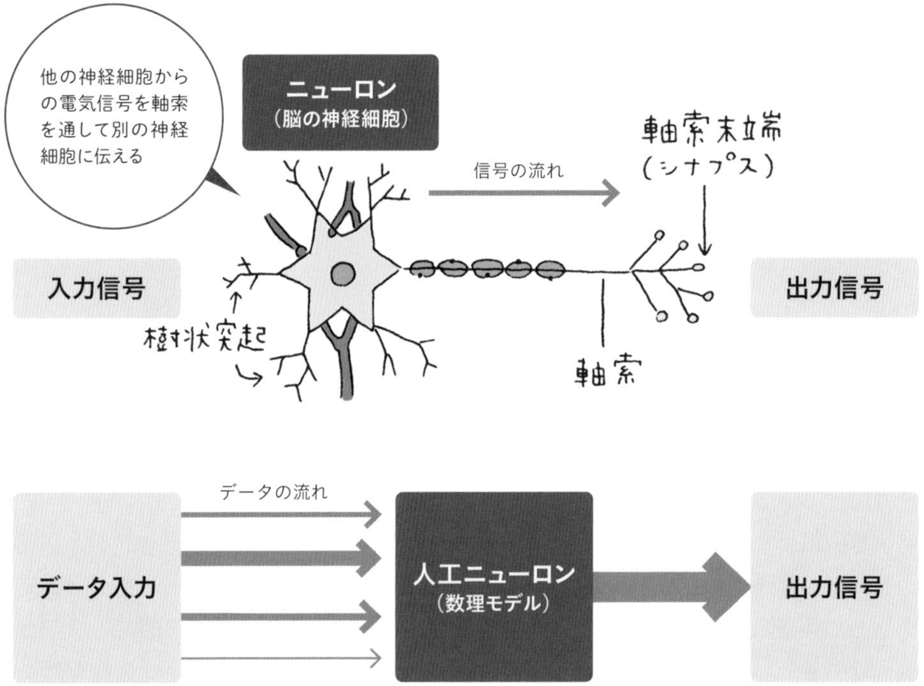

※線の太さはデータの重み

大規模なデータが必要です。このため、データのストレージ（保存）とシェアリング（共有）の技術向上は、ニューラルネットワークの応用にとって不可欠な要因の１つです。

次に、コンピュータの計算力の上昇です。先ほども述べたように、ニューラルネットワークでは、大規模データによる学習が不可欠なため、複雑かつ膨大な計算をすばやく実行する必要があります。ですので、優れたコンピュータの計算力が必要であることは言うまでもありませんね。

最後に、アルゴリズムの発展です。人間の脳の働きを機械で対応させることは、いまだに難しいことですが、改良されたさまざまなアルゴリズムが開発されています。

▼図7-10 ニューラルネットワーク発展の3つの要因

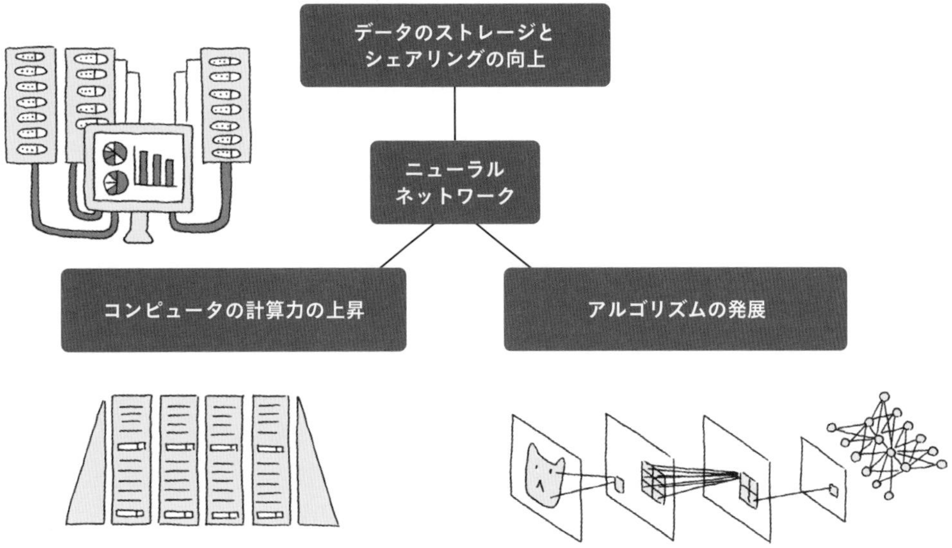

3 ニューラルネットワークの構成要素

人間の頭脳に倣ったニューラルネットワークですが、人間の頭脳そのものではありませんので、人工的なデータの情報伝達装置が必要となります。その基本的な要素が層、接続、方向の3つです。

層

ニューラルネットワークでは、図7-9の人工ニューロンが数理モデルに相当し、これらのモデルを結び付けたのがネットワークです。これらのニューロンの間では、さまざまなデータの伝達が行われますが、それを最もシンプルな事例で示したのが、次ページの図7-11で、1つのデータ入力に対して1つの出力（予測結果）を表しています。

データ伝達の基本要素である層は、ニューロンの集合を意味します。多層構造を前提とするニューラルネットワークでは、たとえば、図7-11の場合のように、「入力」が入力層、「第1層」と「第2層」が中間層（隠れ層）、「出力」が出力層として区別されます。

接続と方向

これらの層を結び付けているのが接続で、

図 7-11 の矢印が表しているように、データの伝達回路の方向に従ってデータを伝達してきます。

留意すべきは、黄色の A、C、E で、これらは活性化されたニューロンを表しています。逆に水色の B、D は、活性化されなかったニューロンを表しています。

活性化とは、入力側のニューロンが、信号として受け取った情報を蓄積し、特定の「活性化関数」に基づいて、ある基準値を超えると、関連するニューロンに情報を伝達することです。図 7-11 の場合、黄色の矢印は、活性化されたニューロンから情報が伝達されたことを、水色の矢印は、活性化されずに情報が伝達されなかったことを示しています。

このように、ニューラルネットワークで予測や推論を行うには、ネットワークの経路に従い、ニューロン（層）が、順次、活性化される必要があります。

■ **活性化関数**

ニューロンが活性化されるかどうかは、活性化のルールに基づきますが、このルールを定式化したものが活性化関数です。

図 7-12 は、ある 1 つの人工ニューロンにおける活性化関数の役割を示しています。この図では､複数のニューロン（入力層）から、さまざまな情報（データ）を受け取り、それらを一定のウェイトをかけて結合した上で、定式化された関数（モデル）に基づいて計算

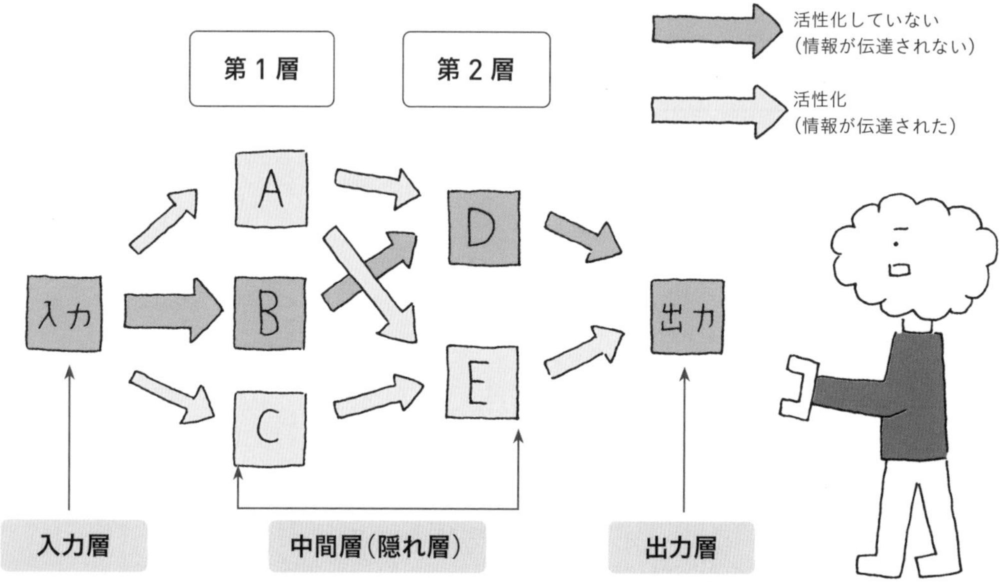

▲図 7-11　ニューラルネットワークにおけるデータ伝達の事例

を行い、1つの新たなデータとして出力する（活性化する）場合が示されています。

従って、優れた予測結果を導き出すには、最適な活性化関数が必要であることは言うまでもありません。それには、学習を通じてニューラルネットワークの数理モデルを訓練し、活性化関数のウェイトと基準値の正確な値を知ることが重要です。

ブラックボックス化

以上がニューラルネットワークに関する基本的なしくみですが、最後に注意すべき問題点について述べておきましょう。

ニューラルネットワークは、多層構造となっており、それぞれの層には、異なる活性化関数に基づいた、多数のニューロンが含まれています。しかしこれは、正確な予測結果をもたらすニューロンの組み合わせを、正確に特定することが難しいことを意味します。回帰分析のような予測の手法とは異なり、重要な予測因子が、明確に特定され、比較できるような手法ではないということです。

つまり、ニューラルネットワークでは、推論や予測の過程がブラックボックス化しており、得られた予測結果については、なぜそのような結果が得られたのか、上手く説明できない場合があることには注意しておく必要があるでしょう。

▼図 7-12　活性化関数の役割

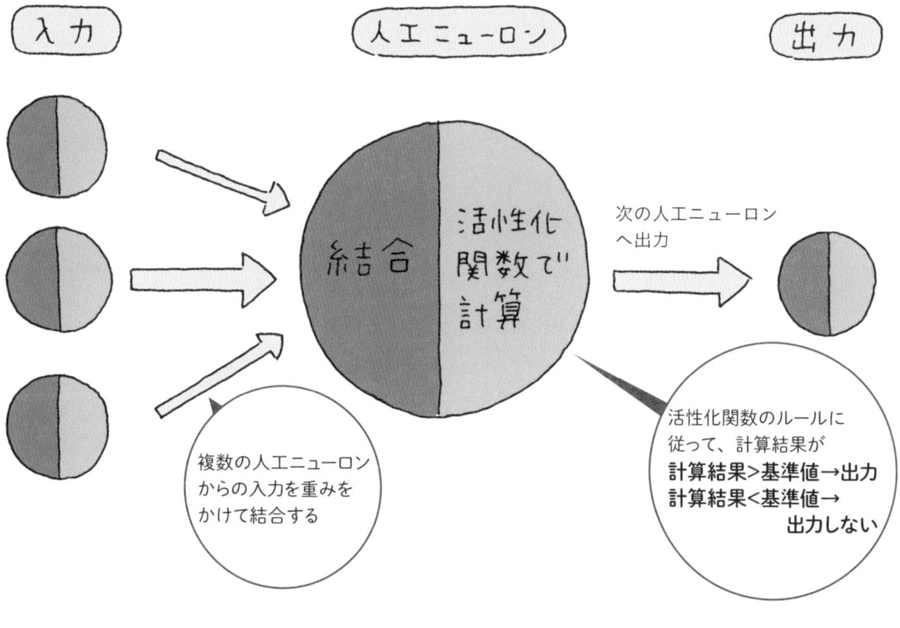

データサイエンスを体験する

Excelで学ぶデータ解析

データサイエンスでは、実際にデータを集めて解析してみる、という経験も重要です。そこで、この付録では、データサイエンス研究を簡単に体験できるよう、Excelによるデータ解析の手順を解説します。取り上げるのは、第2章から第5章で示したデータ解析ですが、それらすべてがExcelで直接計算できるわけではありませんので、Excelで実行可能なデータ解析例のいくつかについて、工程ごとに計算手順を説明していくことにします。なお、使用データは、P.191に記載してあるURLからダウンロードできます。また、データはありながら、この付録で収録できなかった計算例は、PDFファイルで用意しました。併せて活用してください。

1 データ解析の第1工程（第2章）

データ解析の第1工程は、さまざまなデータのタイプを知り、それらを収集し、データ解析が適切に実行できるように、データセットを整形することでした。ここでは、この工程の1つの事例として、Webからデータを収集する場合を見ていきましょう。具体例として取り上げるのは、政府が作成・公表している公的統計（国勢調査）です。図2-14（→P.45）で示した総務省統計局のポータルサイト「e-Stat」から、図2-15-2の「静岡県の年齢階級別就業者数」のデータを取得する方法を解説します。

［事例］Webからデータを収集する

手順1：ポータルサイト「e-Stat」へのアクセス

総務省統計局のHPサイト（https://www.stat.go.jp）を開いて、トップページ下段にある［e-Stat］のアイコンをクリックします。

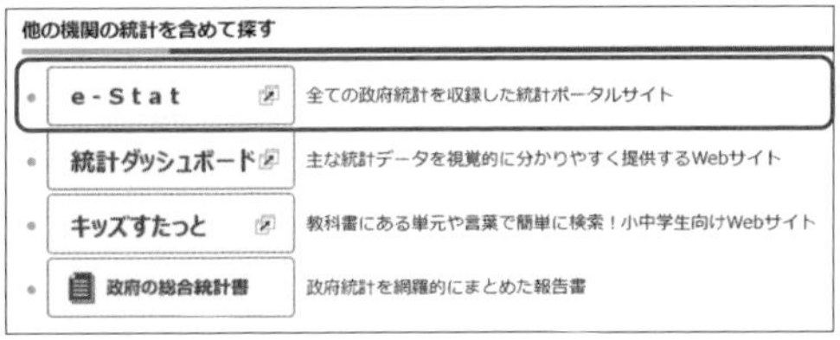

手順2：「e-Stat」での検索

「e-Stat」の画面が表示されたら、[キーワード検索]の入力欄に「国勢調査」と入力します。

手順3：国勢調査データの検索

国勢調査は、法令により5年に1度行わ

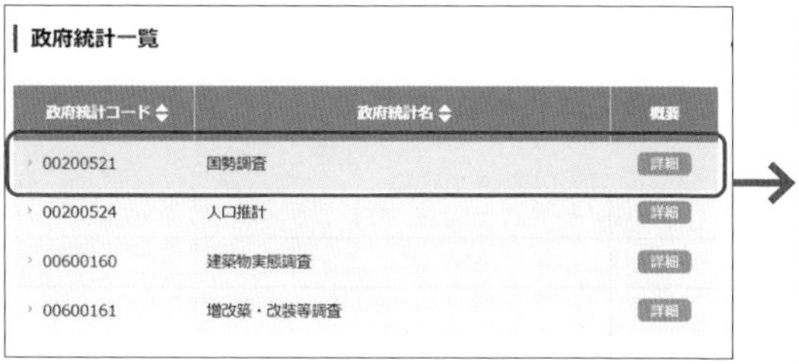

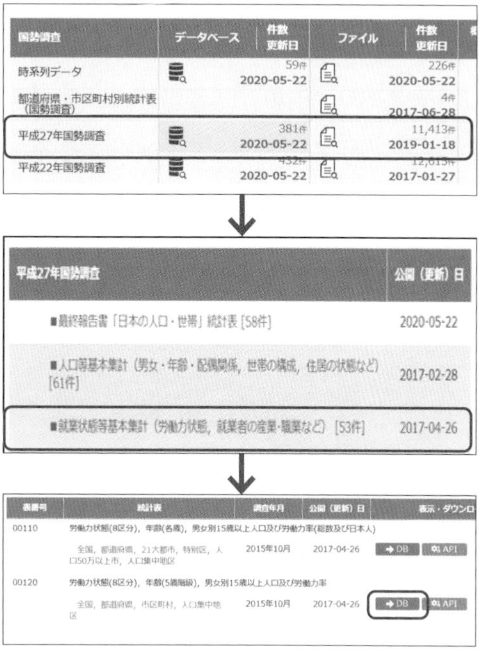

れていますので、具体的にどの年次の国勢調査を使用するか指定する必要があります。ここでは、[平成 27 年国勢調査] を指定します。

手順 4：就業者データの検索

国勢調査は、基本的には人口調査ですが、人口数のほかに、世帯構成、配偶関係、就業状態などを調査しており、それらに関連するさまざまなデータが利用可能です。ここでは [就業状態基本集計] を選択します。

手順 5：年齢階級別・市区町村別データの検索

図 2-15-2 のデータは、静岡県の各市町について、年齢階級（5 歳階級）別の就業者数を示していました。このデータを取得するには、[労働力状態 (8 区分)、年齢 (5 歳階級別)、男女別 15 歳以上人口及び労働力率] を選択します。その際、[DB] のアイコンをクリックします。

なお、ここでは解説を省略しますが、[API] は、統計データの取得を目的とした API 機能を利用する場合のアイコンです。API (Application Programming Interface) とは、ソフトウェアの一部を公開して、他のソフトウェアと機能を共有できるようにしたものですが、「e-Stat」の [API] を利用するには、「e-Stat」にユーザ登録し、事前に ID を取得しておく必要があります。

手順 6：
年齢階級別・市区町村別データの取得

[手順 5] で述べたように [DB] のアイコンをクリックすると、次ページ図左のようにデータが画面で出てきます。ただし、これは、[労働力状態 (8 区分)、年齢 (5 歳階級別)、男女別 15 歳以上人口及び労働力率] について、全国の表示可能なすべてのデータが示さ

れており、また地域も特定されていません。

一方、ここで取得したいデータは、「静岡県内の各市町」別の、「5 歳階級」別の、「男女合わせた総数」の「就業者数」です。このため、変数を指定する必要がありますが、これには、下図左の［表示項目選択］のアイコンをクリックします。その結果表示されるのが、下図右の［項目名］のリストです。

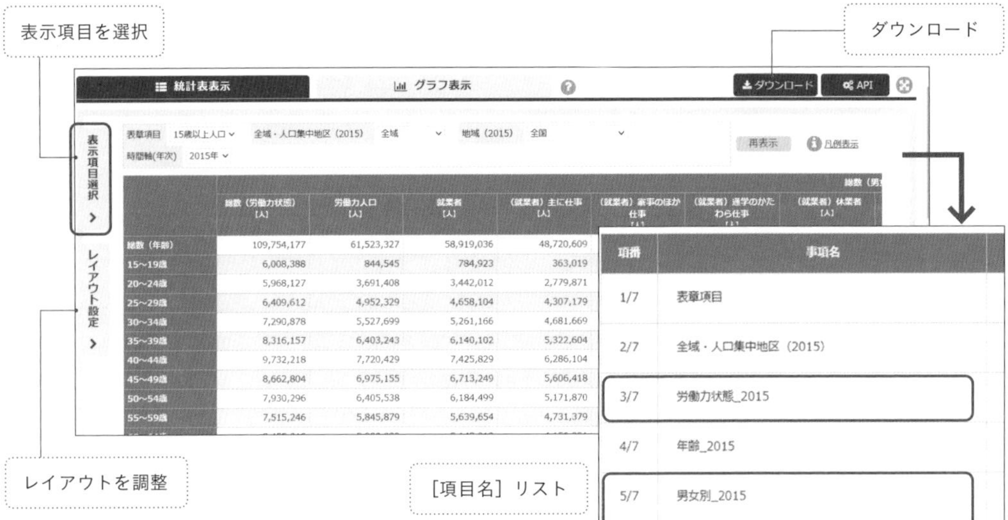

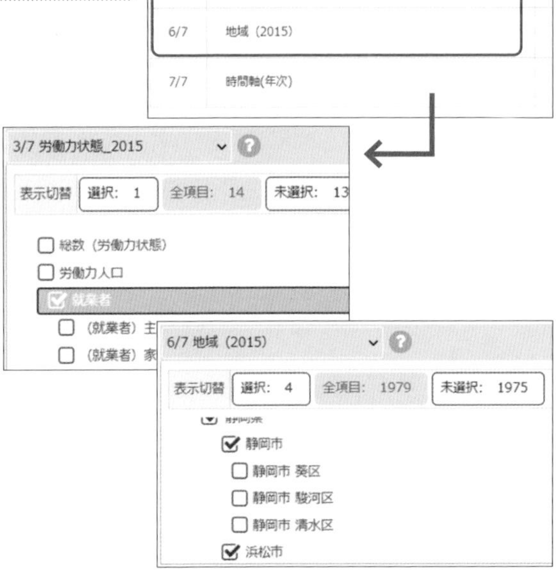

手順 7：静岡県の年齢階級別・市区町村別データの取得

［手順 6］の右図にある［項目名］のうち［労働力状態 _2015］、［男女別 _2015］、［地域（2015）］を、順次選択し、必要な項目をチェック☑します。

初期状態では、すべての項目がチェックされているので、チェックを［全解除］したうえで、再チェックするとよいでしょう。右図は［労働力状態 _2015］と［地域（2015）］のチェック画面の例です。

手順8：データの整形

［手順7］を完了すると、目的とするデータが得られますが、後々のデータ解析のことを考えて、ダウンロードする前に、データセットのレイアウトを調整しておくとよいでしょう。それには［手順6］の図の左側にあった［レイアウト設定］アイコンを活用します。このアイコンをクリックすると、以下のような［レイアウト設定］の画面が表示されます。［レイアウト設定］の画面で重要なのは、［列］と［行］で、これによってデータセットの表示形式が異なります。下図の設定では、下図左のようにデータが表示されますが、［列］の［地域］と［行］の［年齢］を入れ替えると、下図右のようにデータの表示形式が変わります。項目の入れ替えは、それぞれの項目を［列］から［行］、［行］から［列］へとマウスを使ってドラッグ＆ドロップすれば簡単にできます。

調整が終了したら、［手順6］図の右上にある［ダウンロード］アイコンをクリックしてデータをダウンロードします（Excel形式かCSV形式かを選択できます）。なお、［レイアウト設定］画面の［ページ上部］の項目は、ダウンロードしたときにデータの表題として示されます。

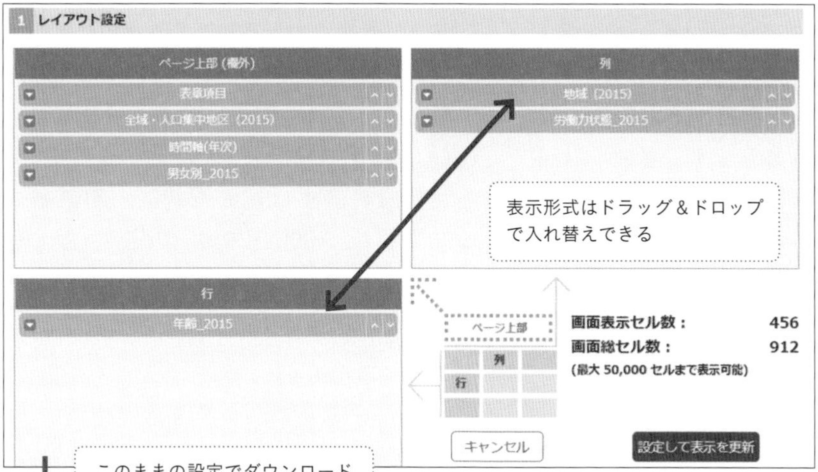

このままの設定でダウンロード

	静岡県	静岡市	浜松市
	就業者【人】	就業者【人】	就業者【人】
総数（年齢）	1,865,154	350,852	401,729
15～19歳	22,452	4,256	5,091
20～24歳	102,938	19,879	23,245
25～29歳	145,762	26,672	32,984
30～34歳	162,456	29,721	36,783
35～39歳	189,523	34,593	41,469
40～44歳	232,986	44,007	50,863

「地域」を行に
「年齢」を列に
入れ替えたもの

	総数（年齢）	15～19歳	20～24歳
	就業者【人】	就業者【人】	就業者【人】
静岡県	1,865,154	22,452	102,938
静岡市	350,852	4,256	19,879
浜松市	401,729	5,091	23,245
沼津市	96,826	972	4,840
熱海市	16,566	267	868

2　データ解析の第2工程（第3章）

データ解析の第2工程は、変数ごとに集めたデータの特徴を読み取り、さらには変数間の関係を見つけることでした。ここでは、図3-1（→P.57）の個票データから図3-2の度数分布表を作成する［事例1］、図3-13（→P.64）の集計データから平均や分散などを求める［事例2］、同じく図3-13の集計データから商品間の売上額に関する相関係数を求める［事例3］の場合を見ていきましょう。

［事例1］度数分布表を作成する

図3-1（→P.57）は、Aさんが勤務するスーパーマーケットのある1日の買い物金額を顧客別に示した個票データです。このデータから、図3-2の度数分布表と図3-5（→P.60）のヒストグラムを作成します。なお、Excelで度数分布表を作成するにはいくつか方法がありますが、ここでは統計関数の［COUNTIFS］を使う方法を紹介します。

手順1：関数の選択

まず、出力したい「度数」のセルを指定しアクティブにします（下図では「2000以上4000円未満」の階級に対応する「度数」）。次に、Excelの［数式バー］の左隣にあるボタン［*fx*］をクリックすると、［関数の挿入］ダイアログボックスが表示されるので、ここから統計関数の［COUNTIFS］を選択します。

なお、［COUNTIFS］は、条件に該当するデータポイントの数を求める関数ですが、条件が複数の場合に使用します。この事例では、2000円以上という条件と4000円未満という2つの条件です。下図にある最初の階級「0円以上2000円未満」は、条件が「2000円未満」という1つでよいので、その場合は［COUNTIT］を使うとよいでしょう。どちらも使い方の基本は同じなので、引き続き「2000円以上4000円未満」の場合を見ていきます。

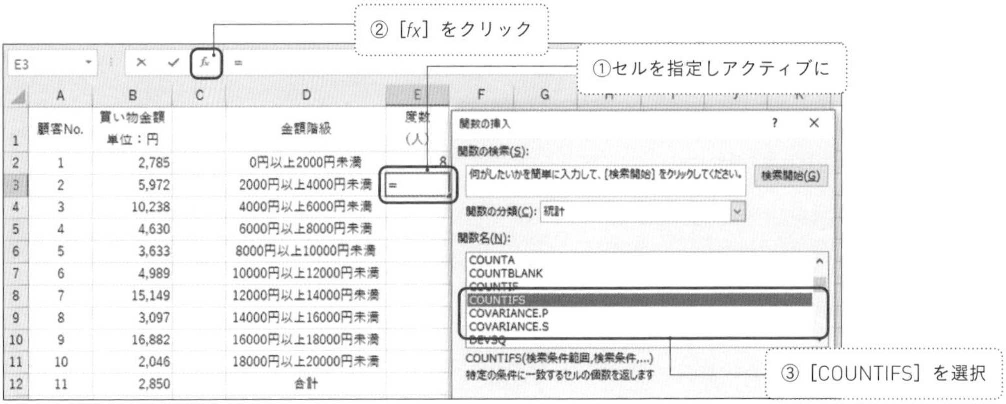

手順２：[COUNTIFS]のデータと引数を指定

[COUNTIFS] のダイアログボックスが表示されたら、[検索条件範囲 1] にすべてのデータの範囲を指定します（「ラベル」は含めません）。なお、データは、作業時間の効率を考えて、絶対参照（キーボードの F4 を押す）を指定しておくとよいでしょう。

次に [検索条件 1] に、「2000円以上」に相当する数式「>=2000」を半角で入力します。以下、同様に [検索条件範囲 2] では [検索条件範囲 1] と同じデータを範囲指定し（絶対参照）、[検索条件 2] に、「4000円未満」に相当する数式「<4000」を入力します。

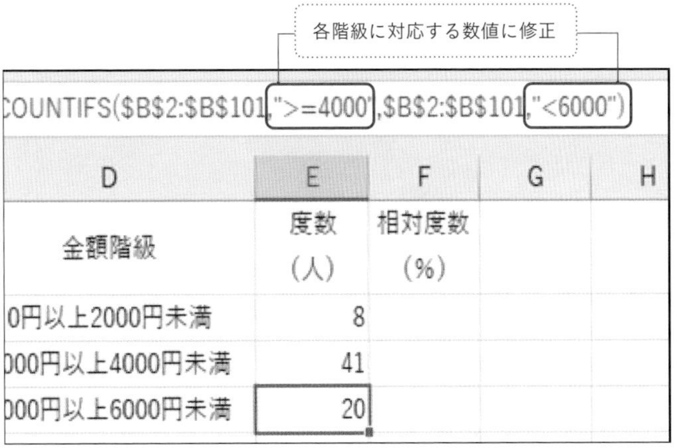

「2000円以上4000円未満」の階級に対応する度数が出力されたら、そのセルを[コピー]し、次の「4000円以上6000円未満」以下のセルに貼り付けます。そのままでは、「2000以上4000円未満」と同じ度数が示されるだけですが、右図のように [数式バー] の条件式にある数値を、各階級に対応する数値に修正すれば、正しい「度数」が出力されます。

[事例 2] 相加平均、中央値、分散、標準偏差、変動係数を求める

図3-13 (→ P.64) は、A さんのスーパーマーケットで販売している商品 A ～ D の 1 日の売上額（万円）を、ある 1 週間について集計したデータです。Excel の統計関数を使って、このデータから各商品の相加平均、中央値、分散、標準偏差、変動係数をそれぞれ求めてみましょう。

手順 1：相加平均の計算

相加平均は、統計関数の［AVERAGE］を使います。下図左のように、まず相加平均の出力先であるアクティブセルを指定します。次に、［*fx*］をクリックして［関数の挿入］ダイアログボックスを表示させ、［AVERAGE］を選択します。相加平均のダイアログボックスが表示されたら、［関数の引数］に、対象となるデータ（下図右では商品Aのデータ）を範囲指定して、［OK］を押すと計算結果が出力されます。その際、［コピー］→［貼り付け］を活用して、商品B～商品Dを求めておくとよいでしょう。

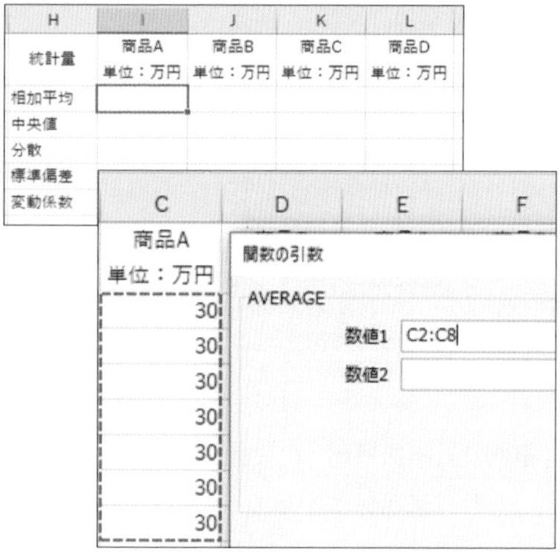

手順 2：中央値の計算

中央値（メディアン）は、統計関数の［MEDIAN］を使います。次の左図のように、まず中央値の出力先であるアクティブセルを指定します。次に、［関数の挿入］ダイアログボックスを表示させ、［MEDIAN］を選択します。中央値のダイアログボックスが表示されたら、［関数の引数］に対象となるデータ（下図右では商品Aのデータ）を範囲指定して、［OK］を押すと計算結果が出力されます。その際、［コピー］→［貼り付け］を活用して、商品B～商品Dを求めておくとよいでしょう。

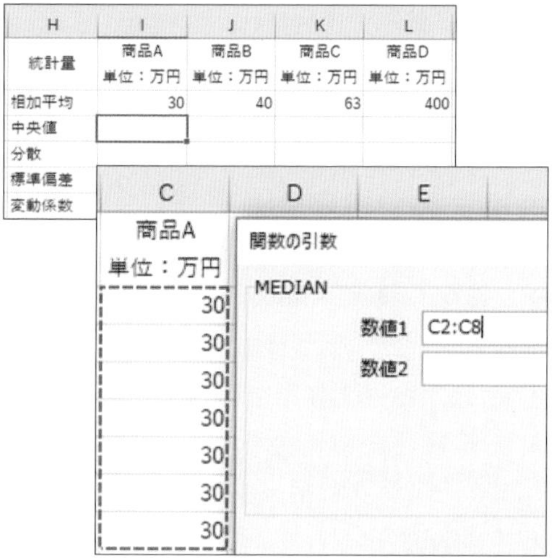

手順 3：分散の計算

分散は、統計関数の［VAR.P］を使います。次ページの上図左のように、まず分散の出力先であるアクティブセルを指定します。次に、［関数の挿入］ダイアログボックスを表示させ、［VAR.P］を選択します。

分散のダイアログボックスが表示されたら、「引数」に対象となるデータ（次ページ上図右では商品Aのデータ）を範囲指定して、［OK］を押すと計算結果が出力されます。その際、［コピー］→［貼り付け］を活用して、商品Ｂ～商品Ｄを求めておくとよいでしょう。

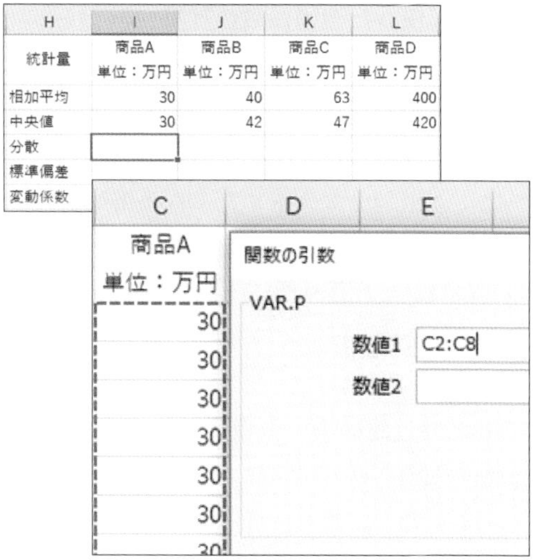

H	I	J	K	L
統計量	商品A	商品B	商品C	商品D
	単位：万円	単位：万円	単位：万円	単位：万円
相加平均	30	40	63	400
中央値	30	42	47	420
分散				
標準偏差				
変動係数				

手順４：標準偏差の計算

標準偏差は、統計関数の［STDEV.P］を使います。下図左のように、まず標準偏差の出力先であるアクティブセルを指定します。

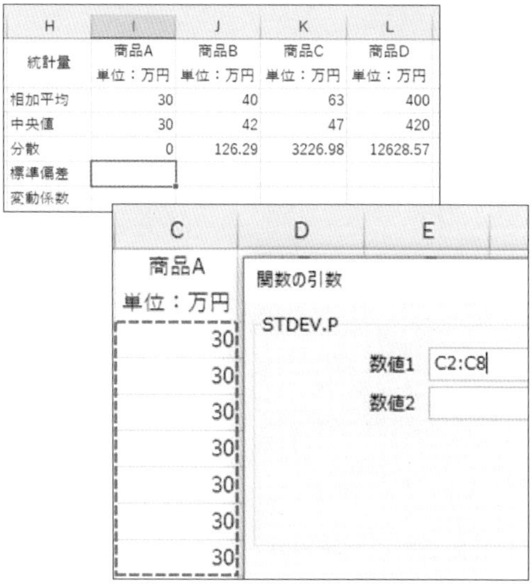

H	I	J	K	L
統計量	商品A	商品B	商品C	商品D
	単位：万円	単位：万円	単位：万円	単位：万円
相加平均	30	40	63	400
中央値	30	42	47	420
分散	0	126.29	3226.98	12628.57
標準偏差				
変動係数				

次に、［関数の挿入］ダイアログボックスを表示させ、［STDEV.P］を選択します。標準偏差のダイアログボックスが表示されたら、［関数の引数］に対象となるデータ（左下図の右では商品Ａのデータ）を範囲指定して、［OK］を押すと計算結果が出力されます。その際、［コピー］→［貼り付け］を活用して、商品Ｂ～商品Ｄを求めておくとよいでしょう。

手順５：変動係数の計算

変動係数は、統計関数の中にありません。このため［数式バー］を使って、計算式（標準偏差／平均）を入力して求めます。まず変動係数の出力先であるアクティブセルを指定し、［数式バー］に下図左のように計算式を入力して Enter キーを押すと、計算結果が出力されます。その際、［コピー］→［貼り付け］を活用して、商品Ｂ～商品Ｄを求めておくとよいでしょう。

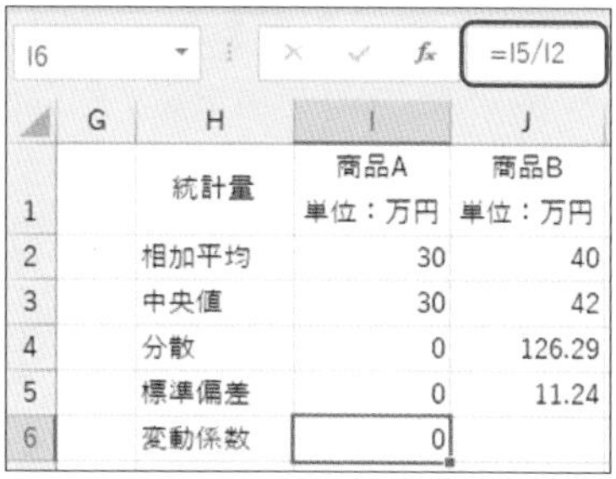

	G	H	I	J
1		統計量	商品A 単位：万円	商品B 単位：万円
2		相加平均	30	40
3		中央値	30	42
4		分散	0	126.29
5		標準偏差	0	11.24
6		変動係数	0	

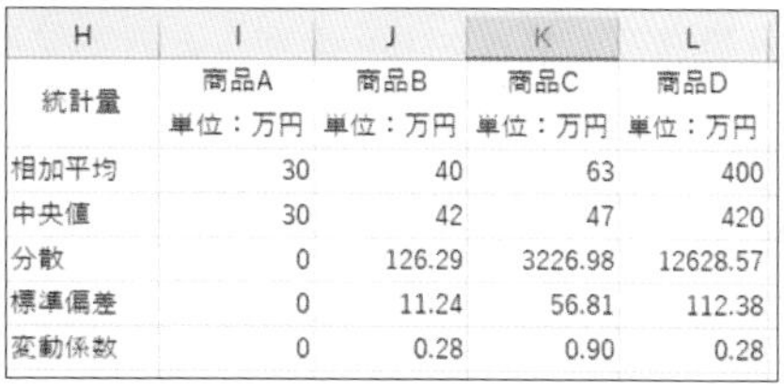

H	I	J	K	L
統計量	商品A	商品B	商品C	商品D
	単位：万円	単位：万円	単位：万円	単位：万円
相加平均	30	40	63	400
中央値	30	42	47	420
分散	0	126.29	3226.98	12628.57
標準偏差	0	11.24	56.81	112.38
変動係数	0	0.28	0.90	0.28

［事例 3］相関係数を求める

［事例 2］と同じく図 3-13（→ P.64）の集計データを使って、商品間の売上額に関する相関係数を求めてみましょう。使用するのは Excel の統計関数ですが、相関係数については、第 5 章の図 5-10 で取り上げた Excel のアドインソフト「分析ツール」も使用できますので、この使い方についても解説します。

手順 1：統計関数を使った相関係数の計算

相関係数は、統計関数の［CORREL］か［PEARSON］を使います。どちらの関数を使用しても同じ結果になります。ちなみに［PEARSON］という関数名は、相関係数を考案したイギリスの統計学者カール・ピアソン（Karl Pearson;1857-1936）の名に由来します。

右図のように、相関係数の出力先であるアクティブセルを指定します。次に、［関数の挿入］ダイアログボックスを表示させ、［CORREL］か［PEARSON］を選択します（以下では［CORREL］で説明）。相関係数のダイアログボックスが表示されたら、［配列 1］と［配列 2］の引数に対象となるそれぞれのデータ（右図の事例では［配列 1］に商品 B のデータ、［配列 2］に商品 D のデータ）を範囲指定して、［OK］を押すと計算結果が出力されます。

手順 2：アドインソフト「分析ツール」を使った相関係数の計算

相関係数は、2 変数間の関係の強さを示す指標ですが、この事例のように A ～ D の 4 つの変数があると、それぞれの組み合わせについて、相関係数を求めたくなるのは当然のことです。このような場合、すべての組み合わせについて相関係数をまとめて計算し出力する「分析ツール」の「相関」を利用すると便利です。

そこで、商品 B、商品 C、商品 D に関する相関係数を「分析ツール」を使って出力してみましょう。すべての相関係数の組み合わせは、商品 B・C、商品 B・D、商品 C・D の 3 通りです。なお商品 A の組み合わせについては、［事例 2］で見たように、商品 A の分散や標準偏差が 0 なので、図 3-25 の定

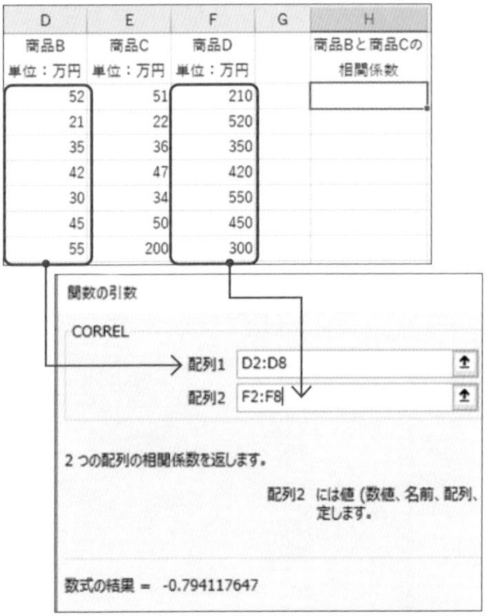

義式により相関係数の分母も0となり、計算ができないため除外します。

右図のように、まず、Excelの［データ］から［データ分析］ダイアログボックスを表示させ、［相関］を選択します。［相関］ダイアログボックスが表示されたら、［入力範囲］に商品Bから商品Dのデータを範囲指定します。このとき、「ラベル」も含めて範囲指定しておくと便利でしょう。その際は、必ず［先頭行をラベルとして使用（L)］をチェック☑しておいてください。

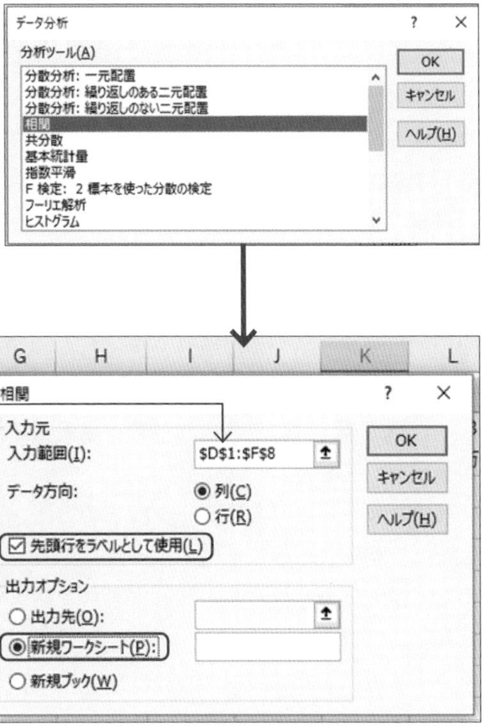

なお［出力オプション］ですが、通常は［新規ワークシート］に設定されており、ここでもそのように処理しますが、特定の出力先を指定することもできます。

データの範囲指定とオプションの指定が終わり［OK］を押すと、新しいシートに右図のような計算結果が出力されます。

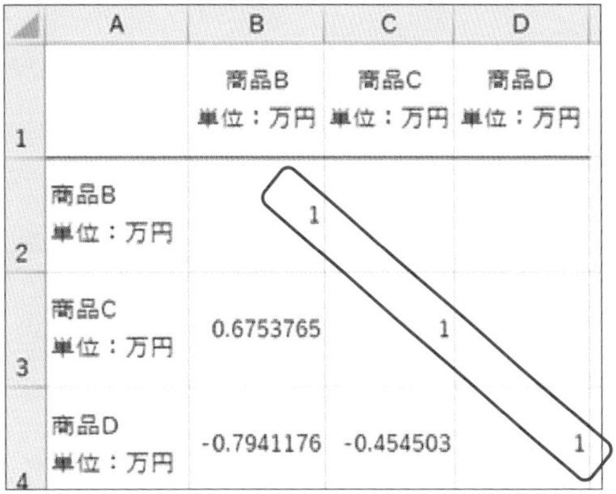

このような形式で示される相関係数を相関行列と呼びます。なお、対角線上の数値（対角要素）が1となっているのは、同じ変数同士の相関係数（商品B・B、商品C・C、商品D・D）を示しており、この場合、1になるのは図3-25の定義式からも明らかです。

3　データ解析の第3工程（第4章）

データ解析の第3工程は、多変数のデータを使って、似たパターンを示すグループを分類することでした。機械学習では「教師なし学習」に相当する方法です。データポイントの近さから直接分類する方法がクラスター分析で、主成分という新しい変数を合成して間接的に分類するのが主成分分析でした。どちらの手法も量的データに適用するものでしたが、質的データの場合については数量化III類を紹介しました。

残念ながら、これらのデータ解析の方法をExcelで直接求めることはできません。アドインソフト「分析ツール」にも含まれていません。ここでは、図4-2（→P.86）のデータを使って出力した、図4-5の箱ひげ図（→P.89）を作成する事例の場合を見ていきましょう。

［事例］箱ひげ図を作成する

図4-2は、大学生Bさんがゼミの地域研究のために集めたデータで、2017年における各都道府県の人口と1人当たりの雇用者報酬の集計データです。Bさんは、さらに図4-3の計算を行うため、2007年のデータも集めていました。これらのデータを再掲しますと、下図左のようなデータセットになります。このデータセットから、図4-5の箱ひげ図を作成しますが、用途に合わせて下図右のようにデータを整形する必要があります。なお、「Excel 2016」より古いバージョンには、箱ひげ図のグラフ機能が含まれていませんので注意してください。

手順：箱ひげ図の作成

「人口」を事例として用いますが、図4-5のように、年次の「ラベル」表示して箱ひげ図を作成するには、まず、データを下図右のように整形しておく必要があります。

データの整形が完了したら、データの「年次」（B列）と「人口」（C列）のデータすべてを範囲指定します（「ラベル」は除く）。な

	A	B	C	D	E
1	都道府県名	人口		雇用者報酬	
2		2007年	2017年	2007年	2017年
3	北海道	5578858	5320082	4412.62	4912.36
4	青森県	1409297	1278490	3568.62	3907.49
5	岩手県	1364051	1254847	4100.47	4182.60
6	宮城県	2353535	2323325	4172.01	4455.66
7	秋田県	1121159	995649	3620.39	3984.87
8	山形県	1198161	1101699	4133.46	4188.19
9	福島県	2067480	1882300	4072.72	4108.86
10	茨城県	2973420	2892201	4483.52	4517.73
11	栃木県	2016241	1956910	4406.76	4776.46

→

	A	B	C
1	都道府県名	年次	人口
2	北海道	2007年	5578858
3	青森県	2007年	1409297
4	：	：	：
5	沖縄県	2007年	1374475
6	北海道	2017年	5320082
7	：	：	：
8	沖縄県	2017年	1443116

お、「都道府県名」の文字データは不要です。

次に、[挿入]から[グラフ]の右角をクリックすると、[グラフの挿入] ダイアログボックスが表示されるので、[すべてのグラフ] から [箱ひげ図] を選択します。[箱ひげ図] を選択し [OK] を押すと、左下図のような箱ひげ図が出力されます。なお、2007 年と 2017 年の箱ひげ図を色分けしたいときは、整形前のデータを使い、2007 年と 2017 年のデータを別の変数（系列）として扱うと、右下図のような色分された箱ひげ図を出力することもできます。ただし、それぞれの箱ひげ図に年次の「ラベル」を付することができなので、その場合は、[グラフのオプション] の [グラフ要素を追加] から [凡例] を選択し、適当なオプションで [凡例] を出力しておくとよいでしょう。

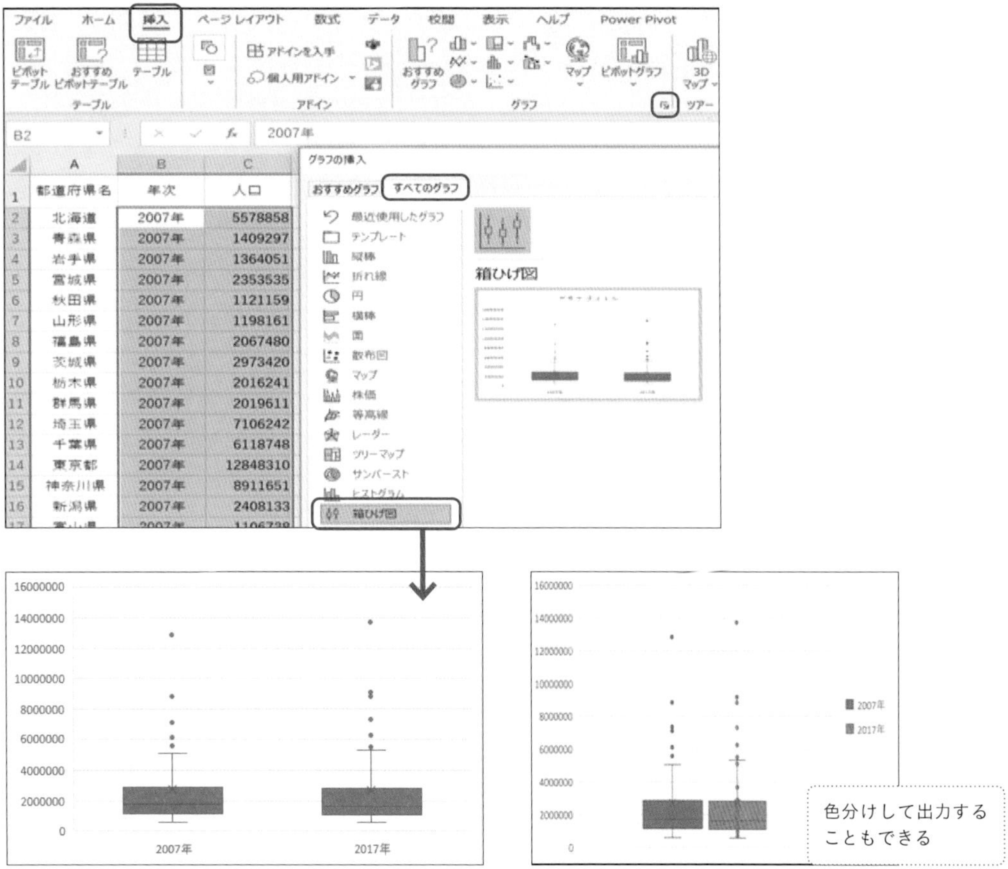

4 データ解析の第4工程（第5章）

データ解析の第4工程は、多変数のデータを使って、要因と結果の関係をモデル化し、結果の予測を行うことでした。機械学習では「教師あり学習」に相当する方法です。取り上げたのは、量的データに適用する回帰分析と、質的データに適用する数量化Ⅰ類およびロジスティック回帰です。これらの方法のうち、アドインソフト「分析ツール」に含まれているのは回帰分析だけですが、データの形式を工夫すれば、数量化Ⅰ類の計算が可能です。そこで、図5-24（→P.137）のデータを使って数量化Ⅰ類を計算する事例の場合を見ていきましょう。

［事例］数量化Ⅰ類を計算する

保健師のCさんは、自分が行った健康調査のデータから、血圧に影響のある要因を検討しているなかで、性別と喫煙の影響を調べることにしました。しかし、被説明変数である血圧のデータは量的データですが、説明変数である性別（男性か女性）と喫煙（タバコを吸うか吸わないか）のデータは質的データであるため、回帰分析ではなく数量化Ⅰ類を使って分析を行うこととしました。

	A	B	C	D
1	No.	収縮期血圧	性別	喫煙
2	1	88	0	0
3	2	117	0	0
4	3	136	1	0
5	4	93	1	1
6	5	136	1	0
7	6	147	0	0
8	7	96	0	0
9	8	111	0	0

通常、数量化Ⅰ類では、図5-22のようなデータを使いますが、図5-24のような形式にデータ（左下図）を整形すると、「分析ツール」の「回帰分析」を用いて、数量化Ⅰ類と同じ予測値を導き出す回帰モデルを求めることができます。図5-24のデータを使って、数量化Ⅰ類に相当する回帰モデルを求めてみましょう。

手順1：回帰係数の推定

数量化Ⅰ類のモデルを回帰分析で求めるには、図5-24のように説明変数をダミー変数にしておくことが必要です。そのようにデータを整形したら、あとは回帰分析と同じく「分析ツール」の「回帰分析」を利用すると便利です。下図のように、Excelの［データ］から［データ分析］のダイアログボックスを表示させ、［回帰分析］を選択します。

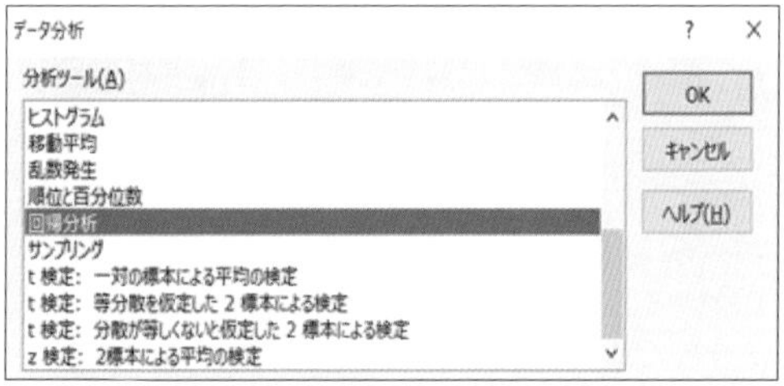

［回帰分析］ダイアログボックスが表示されたら、［入力Y範囲（Y）］に「収縮期血圧」のデータ、［入力X範囲（X）］に「性別」と「喫煙」のデータを範囲指定します。このとき、「ラ

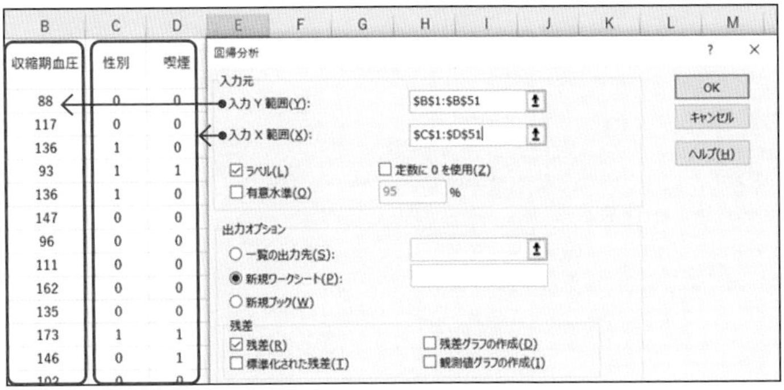

	係数	標準誤差	t	P-値
切片	117.8	4.0	29.4	0.0
性別	15.0	6.6	2.3	0.0
喫煙	-3.0	7.5	-0.4	0.7

ベル」も含めて範囲指定しておくと便利でしょう。その際は、必ず［ラベル］をチェック☑しておいてください。また、それぞれの「収縮期血圧」の予測値を求めるには、［残差］の［残差（R)］をチェック☑しておくとよいでしょう。

データの範囲指定とオプションの指定が終わり［OK］を押すと、新しいシートに計算結果が出力されます。さまざまな計算値が出力されますが、ここでは、上図のように、数量化Ⅰ類で必要な回帰係数に関する一覧表だけを示しています。

手順２：予測値の推定

図5-25では、手順1で得られた回帰モデルを使って、「男性で毎日、タバコを10本以上吸う人」の「収縮期血圧」の予測値を求めています。その予測値は「132.8」でしたね（予測の計算に使用した切片・係数と計算結果は小数点以下第2位を四捨五入)。もちろん、図5-25のように直接予測値を求めてもよいですが、［回帰分析］のオプションである［残差（R)］の出力結果を活用することも有効です。

下の図は、分析に使用したデータ（下図左）と［回帰分析］の［残差（R)］の出力部分（下図右）を示しています。下図左を見ると、No.3の「観測値」に該当する人は、「性別」が1で男性、「喫煙」が0で1日10本の喫煙ありとなっており、図5-25の予測の条件に適っています。そこで、下図右の3番目の「観測値」の「予測値：収縮期血圧」を見ると、回帰モデルから得られる予測値と同じ「132.8」であることが確認できますね。なお、この人の実際の「収縮期血圧」は「136」ですが、予測値が「132.8」なので、「残差（実際の数値－予測値)」は「3.2」になっています。

No.	収縮期血圧	性別	喫煙
1	88	0	0
2	117	0	0
3	136	1	0
4	93	1	1
5	136	1	0

実際の収縮期血圧

予測値

観測値	予測値: 収縮期血圧	残差
1	117.8	-29.8
2	117.8	-0.8
3	132.8	3.2
4	129.8	-36.8
5	132.8	3.2

残差

データサイエンスの理解を深めるための参考図書

本書は、データサイエンスの具体的な数理や技術ではなく、
それらの考え方を示した「入門のための入門書」でした。
そこで、データサイエンスに関する理解をより深めるため、いくつか参考書を示しましょう。
以下では、分野ごとに、難易度順に文献番号を付して数冊の参考書を上げています。
なお、第 1 章でも述べたように「データサイエンスとは何か」をめぐっては、
明確な定説があるわけではありませんので、
著者によってさまざまな考え方や立場の相違があることに留意しておくとよいでしょう。

1. データサイエンス一般

[1] 竹村彰通『データサイエンス入門』岩波新書、2018 年。

[2] Annalyn Ng・Kenneth Soo（上藤一郎訳)、『数式なしでわかるデータサイエンス－ビッグデータ時代に必要なデータリテラシー』オーム社、2019 年。

[3] 高木章光・鈴木英太『図解入門 最新 データサイエンスがよ〜くわかる本』秀和システム、2019 年。

[4] 鈴木孝弘『これだけは知っておきたい データサイエンスの基本がわかる本』オーム社、2018 年。

[5] 竹村彰通・姫野哲人編『データサイエンス入門（第 2 版)』学術図書出版社、2021 年。

2. 統計学の基本

[1] 上藤一郎・他 3 名『調査と分析のための統計－社会・経済のデータサイエンス（第2版)』丸善、2013 年。

[2] 涌井良幸・涌井 貞美『統計学の図鑑』技術評論社、2015 年。

[3] 東京大学教養学部統計学教室編『統計学入門（基礎統計学I)』東京大学出版会、1991 年。

[4] 大関真之『ベイズ推定入門　モデル選択からベイズ的最適化まで』オーム社、2018 年。

[5] 竹村彰通『現代数理統計学（新装改訂版)』学術図書出版社、2020 年。

3. Excel を使ったデータサイエンス入門

[1] 上藤一郎・他 3 名『データサイエンス入門－ Excel で学ぶ統計データの見方・使い方・集め方』オーム社、2018 年。

[2] 涌井良幸・涌井貞美『Excel でわかる機械学習超入門』技術評論社、2019 年。

4. R や Rython を使ったデータサイエンス入門

[1] 有賀友紀・大橋俊介『R と Python で学ぶ実践的データサイエンス & 機械学習』技術評論社、2019 年。

[2] 塚本邦尊・山田典一・大澤文孝『東京大学のデータサイエンティスト育成講座 Python で手を動かして学ぶデ―タ分析』マイナビ出版、2019 年。

索 引

英数字

あ行

か行

さ行

た行

な行

は行

ま行

や行

ら行

データダウンロードのご案内

本書をご購入いただいた方のために、「付録 データサイエンスを体験する」で
紹介しているデータ解析を行うための Excel データをダウンロードで提供しています。
また、付録に収録できなかった計算例について、
実際の計算手順を紹介した PDF データもご覧いただけます。
詳しくは下記の URL をご覧ください。

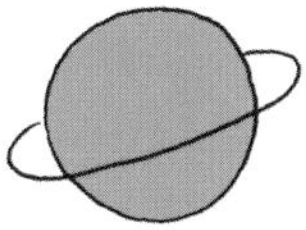

https://gihyo.jp/book/2021/978-4-297-12127-3

ご質問の前に、まずこちらをご確認ください

1. 訂正・追加情報は以下の URL にアップロードされていますので、ご質問の前に、まずこちらをご確認ください。
https://gihyo.jp/book/2021/978-4-297-12127-3
2. 上記 URL にて解決できなかった場合は、上記 URL の「お問い合わせ」からご質問ください。

＊ お電話によるご質問および本書に記載されている内容以外のご質問には一切お答えできません。なお、ご質問の際に記載いただいた個人情報は、質問の返答以外の目的には使用いたしません。また、質問の返答後はすみやかに削除させていただきます。

著者紹介

上藤一郎

静岡大学人文社会科学部教授。専攻は統計学、科学史（統計学史、確率論史）。データサイエンス関連の著書・訳書に、『データサイエンス入門ー Excel で学ぶ統計データの見方・使い方・集め方』オーム社（共著）、『調査と分析のための統計ー社会・経済のデータサイエンスー』丸善（共著）、『数式なしでわかるデータサイエンスービッグデータ時代に必要なデータリテラシー』オーム社（訳書）、など。

カバー／本文デザイン
加藤愛子（オフィスキントン）

カバー／本文イラスト
米村知倫（Yone）

本文 DTP
田中 望

作図
安藤しげみ、大西里美

絵《え》と図《ず》でわかる　データサイエンス
——難《むずか》しい数式《すうしき》なしに考《かんが》え方《かた》の基礎《きそ》が学《まな》べる

2021 年 6 月 1 日初版第 1 刷発行
2024 年 5 月 9 日初版第 3 刷発行

著　者　　上藤一郎《うわふじいちろう》

発行者　　片岡 巌

発行所　　株式会社技術評論社
東京都新宿区市谷左内町 21-13
電話 03-3513-6150 販売促進部
電話 03-3513-6166 書籍編集部

印刷・製本　　株式会社加藤文明社

造本には細心の注意を払っておりますが、万一、乱丁（ページの乱れ）や落丁（ページの抜け）がございましたら、小社販売促進部までお送りください。送料小社負担にてお取り替えいたします。

ISBN978-4-297-12127-3 C3055
Printed in Japan